STRESS

the PSYCHOLOGY
of MANAGING PRESSURE

DK

STRESS

压力心理学

the PSYCHOLOGY of MANAGING PRESSURE

英国DK出版社　著

安林红　秦广萍　译

電子工業出版社·

Publishing House of Electronics Industry

北京·BEIJING

DK | Penguin Random House

Original Title: Stress: The Psychology of Managing Pressure
Copyright © 2018 Dorling Kindersley Limited

本书中文简体字版授予电子工业出版社独家出版发行。未经书面许可，不得以任何方式抄袭、复制或节录书中的任何内容。

版权贸易合同登记号　图字：01-2019-1083

图书在版编目（CIP）数据

压力心理学／英国 DK 出版社著；安林红，秦广萍译 .
— 北京：电子工业出版社，2019.7
书名原文：Stress: The Psychology of Managing Pressure

ISBN 978-7-121-36465-5

Ⅰ. ①压… Ⅱ. ①英… ②安… ③秦… Ⅲ. ①压抑（心理学）
Ⅳ. ① B842.6

中国版本图书馆 CIP 数据核字（2019）第 085394 号

策划编辑：郭景瑶
责任编辑：郭景瑶
文字编辑：杜　皎
印　　刷：鸿博昊天科技有限公司
装　　订：鸿博昊天科技有限公司
出版发行：电子工业出版社
　　　　　北京市海淀区万寿路 173 信箱　邮编：100036
开　　本：850×1168　1/16
印　　张：14
字　　数：365 千字
版　　次：2019 年 7 月第 1 版
印　　次：2024 年 2 月第 3 次印刷
定　　价：118.00 元

凡所购买电子工业出版社图书有缺损问题，请向购买书店调换。若书店售缺，请与本社发行部联系，联系及邮购电话：（010）88254888，88258888。

质量投诉请发邮件至 zlts@phei.com.cn，盗版侵权举报请发邮件至 dbqq@phei.com.cn。

本书咨询联系方式：（010）88254210，influence@phei.com.cn，微信号：yingxianglibook。

www.dk.com

混合产品
纸张｜支持负责任林业
FSC® C018179

精神医科顾问

戴安娜·麦金托什（Diane McIntosh）医学博士，加拿大皇家内科医师学会会员

麦金托什博士是加拿大英属哥伦比亚大学精神病学系临床助理教授。她拥有一家私人诊所，前来咨询的人络绎不绝。她重点研究合理用药，并且广泛参与为国内外同行提供医学继续教育的项目。她对情绪和焦虑症神经生物学特别感兴趣，并且担任加拿大情绪和焦虑治疗网（Canadian Network For Mood and Anxiety Treatments，CANMAT）的董事。同时，她还为《赫芬顿邮报》撰写有关心理健康问题的博客。

心理学顾问

乔纳森·霍洛维茨（Jonathan Horowitz）博士

霍洛维茨博士是一位临床心理学家和执业认知治疗师，专门研究压力和焦虑症的临床治疗。作为一名研究人员，他在联邦资助的压力和焦虑、药物滥用和组织行为学领域的研究项目中做出了巨大贡献。同时，他也是一名有着十多年工作经验的临床医生，为焦虑症患者提供治疗。他创立了旧金山压力和焦虑中心，并担任中心主任。该中心一直为个人、夫妇和组织提供压力和焦虑管理服务。

致谢

出版商特别感谢：

编辑助理托比·曼（Toby Mann）、校对科琳·马西奥奇（Corinne Masciocchi）、索引编写玛格丽特·麦考马克（Margaret McCormack）和美国编辑凯拉·达格（Kayla Dugger）。

目录

第三章
当下的压力
缓解短期压力的策略

前言

年龄、种族、性别、金钱，所有这一切都无法庇护我们。我们必须面对那些令人感到困难的，甚至难以克服的压力。压力本来无法避免，因为它是生活不可或缺的一部分。任何一种让你感受到威胁或不知所措的经历和处境都可称之为"压力源"。良好的压力有助于人们专注于目标和完成重要的任务。如果没有压力，一些伟大的成就也就无法实现。在我们看来，这些极具价值的成就，往往都是在承受巨大压力和付出非常艰辛的努力之后取得的。不良的压力会让人失去创造性，阻止人进步，削弱人的意志。不论压力好坏与否，本书都将帮助你轻松地做管理压力的主人——不是通过消除压力，而是利用自身优势，提高并开发新的应对技巧来实现。

本书共有五章，内容建立在对最新和最重要的科学研究的综合评述之上。这些内容对于希望更好地管理压力的人来说，意义重大，非常有帮助。当你试图战胜生活中的挑战，尤其是要战胜比较大的压力或非常令人不悦的挑战时，了解身体和大脑的反应，以及如何来影响这种反应，可以帮助自己获得更强的控制力。第一章主要讨论如何定义压力，以及在遭遇恐怖情形时身体和情绪怎样做出反应。这些内容将帮助你确定压力源，这是朝管理压力的方向迈出的第一步。

我们都有自己处理压力的方法，而心理学研究至今已发现一些简单而又强大的，并且经过验证行之有效的应对技巧——通过了解它们的长短之处，来选择适合自己的策略。管理压力必须采用对自己有效的方法，这样才可以制定出一套符合自己需要的现实可行的方案。

在第二章中，你会发现，当面对日常生活的压力时，你并不是唯一感受到压力的人。有时候，这就像同时玩很多球，我们努力想让它们停留在半空中一样。无论在工作还是家庭生活中，我们每个人都会感受到压力。很多有效的方法能帮助我们应对压力，即使在繁忙和紧张的情况下，也能帮助我们过上平静的生活。

同样，我们在某些时刻会遭遇生活中的变故，面临难以排解的压力。例如，照顾生病的爱人、应对惨痛的损失，或者度过艰难的离婚生活。在第三章中，你会了解到，在面对重压时感到不知所措、悲伤或害怕，这些都是完全正常的反应。通过学习应对技巧，你能够增强承受力

和应对能力，平安度过风暴。

第四章是关于如何缓解生活中的压力，以及如何长期管理压力。当你需要平静和安慰的时候，可以求助于亲密的朋友、宠物或一些活动——所有这些，还有更多的具有强大减压作用的方法，都能从科学上得到解释。最后，第五章讨论要懂得压力严重到什么程度时去寻求帮助的重要性。虽然本书希望为你提供一套压力管理方法，使你不至于被压力击垮，但懂得寻求帮助、明白你并不孤单也是非常有益的。

最重要的是，这本书是关于帮助人们提高韧性——在经历巨大压力后重新恢复的能力。如果我们把韧性比作"情绪肌肉"，你可能觉得自己现在还不够强壮。本书提供的压力管理方法将帮助你利用现有优势来锻炼这些肌肉，进一步使其强壮起来，逐步发展成为一个更强大的抗压源。当压力发生时，你将能够快速恢复，避免受到持久伤害。有些人天生就比别人坚韧，而任何人都可以在人生中学到压力管理的技巧。

虽然我们两人都是有多年经验的临床医生和教育工作者，但从未停止过学习，特别是从我们的服务对象那里。我们之所以在本书中分享这些经验，是因为它们是幸福的关键。本书并非旨在讨论如何过无压力的轻松生活，而是阐述只有拥有更好的管理压力的能力，才可以过上更加幸福的生活。

戴安娜·麦金托什
医学博士，加拿大皇家内科医师学会会员

乔纳森·霍洛维茨博士
临床心理学家，执业认知治疗师

CHAPTER 1
STRESS IN PERSPECTIVE
HOW STRESS AFFECTS YOUR BODY AND MIND

正确看待压力

压力如何影响身心

压力是什么

如何区分压力

压力会让人感到不舒服，但并非每种不舒服的感觉都源于压力——弄不清自己的情绪本身就是一种压力。那么，我们就从了解自己的情绪开始吧。

人们用担忧、焦虑和恐惧等词来表达"压力"，但就本质来说，压力是我们认为自己无法应对的挑战。

总的来说，如果我们能更好地理解压力，就更容易处理令自己感到困难的情绪。压力会引起恐惧、焦虑和忧虑等情绪，而每种情绪都代表一种不同的情感反应。通过体会这些情感之间的差异和联系，我们就能正确看待所遇到的问题。

忧虑和压力是一回事吗？

简单来说，忧虑是试图用反复性的思考模式来避免不愉快的结果。例如"如果……怎么办"的问题，类似"如果我生病了怎么办""如果我失业了怎么办"等，我们用"焦虑"和"郁闷"这样的词来形容这种状况。尽管我们不希望在脑海里一遍遍地思考这些问题，但很难控制自己。

我们可能觉得"担心"或"考虑"问题是有益的，但这与"想通"问题

> **毁掉我们的不是压力本身，而是我们面对压力时的反应。**
>
> 汉斯·塞利
> （Hans Selye，1907—1982）
> 匈牙利医生，压力理论之父

并非一回事。换句话说，就是面对一种情况并努力去解决它。通过积极解决问题，我们会拥有更好的控制力。

恐惧和焦虑

当忧虑反复循环时，恐惧就变成了一种本能反应。这种情况通常发生在受到严重威胁时。恐惧是一种生理反应，我们之所以能够感知它，进化论有很好的解释。对恐惧的反应可分为以下四类。

- **逃开**（逃走）或避免（逃走前）。尽可能逃离威胁。
- **进攻性防御**（"战斗或逃跑"中的"战斗"部分）。如果不能逃跑，或者没有获胜把握，我们就可能进行进攻性防御。
- **稳住/不动**。如果我们想躲避，或者不想激怒那些难以预料的人，这是很好的应对策略。

■ **屈服/让步**。当威胁来自"群体"内部时，有时最好的选择是抑制愤怒，以免受到排挤。

如果恐惧是在面对恐怖事件时表现出的正常反应，那焦虑又是什么呢？当感到过度或莫名的恐惧时，这种情绪就开始影响我们的生活质量，并妨碍我们去做必须或想要做的事情，这就是典型的焦虑。

本书介绍的压力管理技巧将增强你的信心和安全感，有助于减少焦虑。

从情绪中学习

全书重点讨论通过了解压力对生活的影响来增强抗压能力。明白压力会引发忧虑、增加焦虑（见下文）后，你的抗压能力会得到增强。直面恐惧，能从心理上减轻因恐惧带来的威胁，使自己的内心更强大，从而增强抗压能力。

❓ 辨别情绪

如果感到焦虑或紧张，那么一定是在承受压力吗？实际上，将紧张情绪分为四类区别对待是很有帮助的，这样就可以了解自己的情绪，知道如何采取措施才能使自己感觉更好。

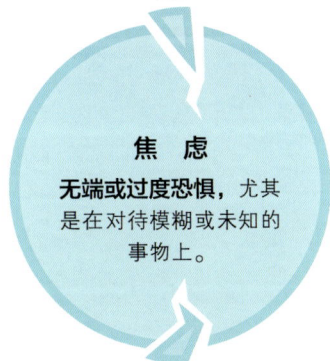

恐惧
对曾经经历过的威胁**本能的、不自觉的反应**

忧虑
反复不断呈现的想法——
有时更多地想摆脱不安的情绪。

焦虑
无端或过度恐惧，尤其是在对待模糊或未知的事物上。

压力
察觉到没有能力满足生活需求。

🔍 与恐惧交朋友

虽然焦虑和担忧会加剧压力，但我们不应该对恐惧情绪感到害怕，因为它可能是好的契机，促使积极的变化产生。正如本书将要阐述的，我们可以通过对焦虑和忧虑更好地控制来减轻压力。

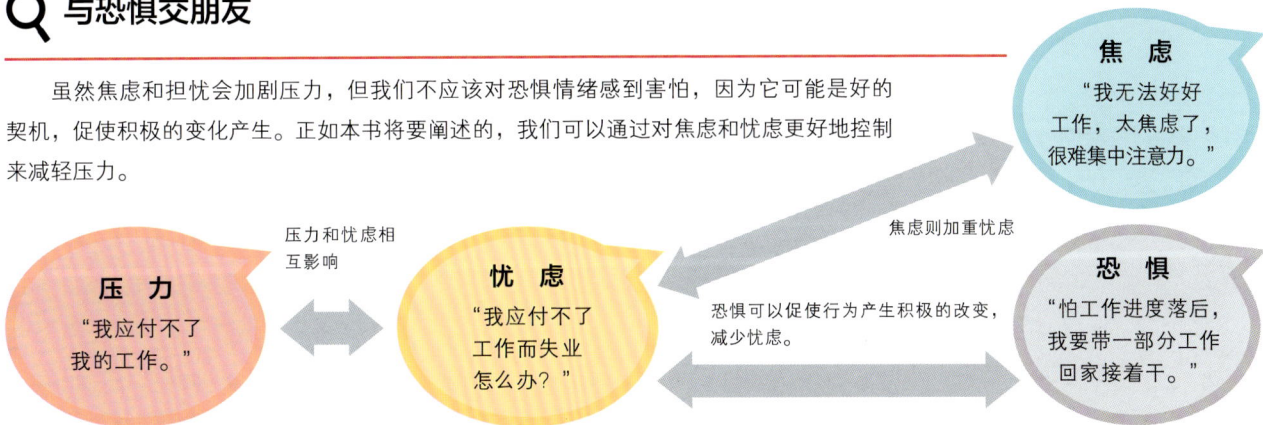

焦虑
"我无法好好工作，太焦虑了，很难集中注意力。"

压力
"我应付不了我的工作。"

压力和忧虑相互影响

忧虑
"我应付不了工作而失业怎么办？"

焦虑则加重忧虑

恐惧可以促使行为产生积极的改变，减少忧虑。

恐惧
"怕工作进度落后，我要带一部分工作回家接着干。"

生而有压力

生活中不可或缺的部分

毋庸置疑，许多人想拥有平和的心境，但压力是生活自然的一部分。它对我们起着激励作用，激发我们不断改变、不断学习。坦然接受压力，有时候反而会生活得更健康。

压力有多么危险？

研究表明，压力对人的健康有害。压力过大，会增加人患心血管疾病、糖尿病、癌症和高血压的风险。仅想到这一点，就足以让人感到紧张。

斯坦福大学心理学家凯利·麦戈尼格尔（Kelly McGonigal）认为，我们面临的问题并非来自压力本身，而是"与压力相关的有害关系"。科学研究表明，如果将压力视为无法对付的敌人，我们就确实承受着不良影响。2006年，一项美国研究发现，对情绪的压力性反应，令人感觉自己会受伤害或无法应对，这使我们更容易受到恐慌症和焦虑症的伤害。如果压力又带来新的压力，令我们感到不安，那就是我们遭受最坏影响的时候。

更健康的方法

我们可以从生活各个方面进行改

人们通常认为压力不是好事，因此不遗余力地去避免它。事实上，只要人活着，压力就是生活中不可分割的一部分——我们越不害怕压力，就越能生活得幸福和健康。

> 痛苦不可避免，**是否承受则是可以**选择的。
>
> **村上春树**
> 日本小说家

压力与事件的关联

　　对所处充满压力的环境的担心，往往使我们更容易感到孤立——感觉好像没有人能理解我们正经历的一切。美国心理学家凯利·麦戈尼格尔建议，我们应该问问自己，压力如何与我们认为有意义的事情联系起来（见第44～45页），然后从人类更广泛的角度来看待自己。通过把自己放在更大的时空背景，我们就可以把压力看作有意义的生活的一部分。

情　形	问自己	如何与有意义的事情联系起来	在同样情形下，别人感觉怎样
我要考试了，但不确定能否通过。	要放弃考试，还是为这个资格证书去努力一把？	这门学科是我真正想弄明白的，它对我的职业生涯很有帮助。	每个人考试时都会感到紧张。
我的孩子时断时续地哭，整晚闹个不停。	我真想翻过身去睡觉。对他置之不理，还是安慰他，让他知道可以依靠我？	每个人的人生都需要一个爱的开端，我想这样对待孩子。	照看婴儿是很辛苦的事情，我相信所有父母都时常要面临这个挑战。
我们即将展开员工年度评定工作。	我必须从老板那里获得自信，还是本来就认为自己是一个有价值的人？	我也许能从别人的反馈中学到一些有用的东西。	工作场所并不是一个轻松的地方，应对批评是我们都要面对的挑战。
岳母年纪大了，想搬来跟我们一起住。	对我来说，希望她待在疗养院里，还是她的幸福更重要？	她一直对我很好，我要支持我的家人。	这有时可能很困难，但很多人都会关心自己年老的亲人。

变，以减轻来自生活的压力。本书对此进行了一些思考。然而，正如麦戈尼格尔所说，我们也可以把压力视为"有意义的信号"，不要为并不重要的事情感到紧张。压力是一种征兆，预示一些我们关心的事情要发生。

　　当某种情形的后果非常严重时，只要想到事情进展不顺利，我们自然会感到忧虑。忧虑情绪会激发我们对所遇情形做出反应，可能需要改变现有方法，或采取新的应对策略。正视这些令人不舒服的情绪有益健康，可以帮助自己适应不断变化的环境，而

变化是正常生活的一部分。与其竭力避免压力，还不如好好利用它。

　　从根本上说，压力是对高压环境的适应性反应。科学家所说的"自适应"，是指帮助我们适应形势，并产生积极成果的过程。我们通过学习，可以适应得更快、更好，这样才不至于被压垮。随着时间推移，通过学习和调整策略，我们逐渐找回控制力，可以直面压力。当你阅读完本书时，会发现我们所讨论的是可供使用的工具和策略，可以驾驭像海浪一样的压力，而不至于使自己沉入海底。

就我一人这样吗？

　　2017年，美国心理学会（American Psychological Association）的"美国压力"年度调查报告显示：

20% 约五分之一的美国人经受**慢性压力**……

36% 约三分之一的美国人说自己现在的首要任务是**减压**。

压力有好处吗

对改善人体系统有促进作用

　　如果我们认为压力不好，那它就真的不好。如何说服自己相信它有好处呢？好吧，科学研究很好地证明了一些压力是健康的。

按照美国心理学家凯利·麦戈尼格尔的说法，我们对压力的看法，与压力本身对我们健康造成的影响有很大关系。如果懂得如何把适度的压力看作一种有益的体验，对我们的身心都有好处。

保持清醒的头脑

　　"神经可塑性"是一个重要的概念。我们的大脑具有可塑性，并且可以通过细胞间重新连接来应对新的体验。加州大学伯克利分校的压力研究人员达妮埃拉·考费尔（Daniela Kaufer）和伊丽莎白·柯比（Elizabeth Kirby）指出，适度的压力实际上对我们有好处，它促使我们的大脑持续不断地学习。

　　2013年，考费尔和柯比做了一项实验，将大鼠置于适度的压力中，实验持续几小时。起初，压力似乎对

> **间歇性压力事件**
> 可能让**大脑更警觉**，而当你保持警觉时，就会表现得更好。
>
> **伊丽莎白·柯比**
> 加州大学伯克利分校神经学家

大鼠没有产生什么影响；但经过反复实验两周后，它们的大脑部署了新的神经连接，在记忆力测试中的表现得到很大改善。这种情况同样适用于人类。考费尔和柯比认为，只要痛苦或创伤不太严重，间或处于适度的压力下反而有助于脑神经细胞的增殖。简言之，压力挑战我们的大脑，而大脑则通过自我适应和增殖来应对挑战。

增强免疫系统

2012年，美国的一项研究表明，在承受各种压力的大鼠血液中，抗感染的白细胞比正常含量要高得多。对生存而言，如果处于潜在危险境地，我们就不能生病。当面临危险时，无论目睹车祸发生还是解决一个困难项目，身体都会释放出更多白细胞来保护我们免受感染。人们长期处于慢性压力中会对健康造成伤害（见第196～197页），而适度压力可能有助于保护身体免受疾病侵袭。

信念的力量

是不是越想得到的益处就越好呢？2013年，美国研究员阿利亚·科勒姆（Alia Crum）和她的同事将一家国际金融机构的400名员工分成两组，向每组展示了两组不同系列关于压力的视频——一组视频描述的是压力使人变得更加虚弱，而另一组比较正向，描述压力使人更快乐、更满足。据报告，那些观看正向视频的员工，

❓ 压力的不同影响

面对挑战可能是可怕的经历，又或许是令人兴奋的体验。2012年，美国的一项研究表明，产生何种感受取决于我们如何评估自己的处境——也就是说，取决于如何去解读它，以及传达给自己什么样的信息。

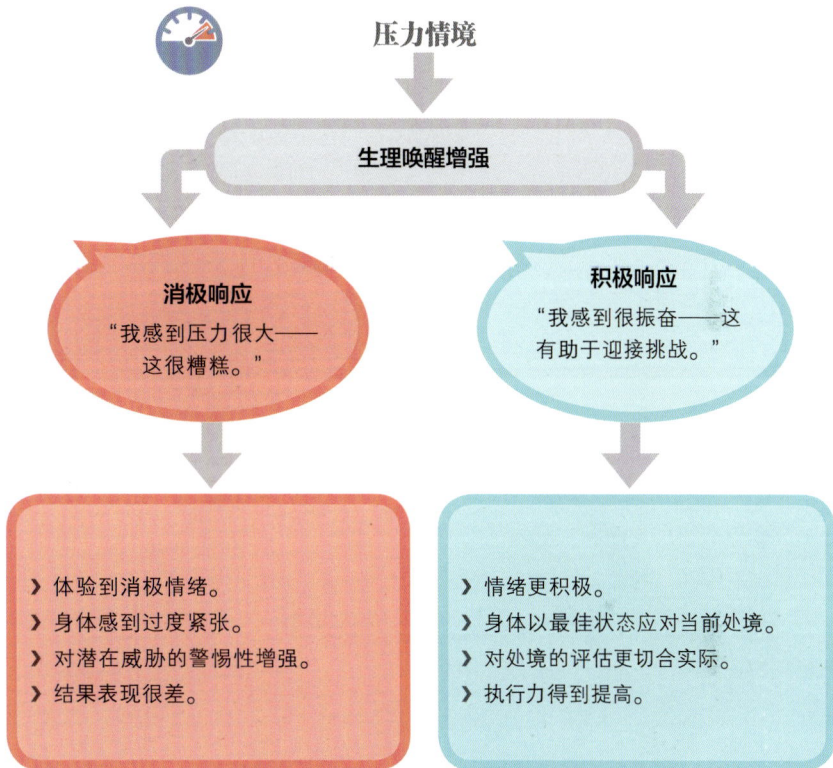

压力情境

生理唤醒增强

消极响应
"我感到压力很大——这很糟糕。"

积极响应
"我感到很振奋——这有助于迎接挑战。"

- 体验到消极情绪。
- 身体感到过度紧张。
- 对潜在威胁的警惕性增强。
- 结果表现很差。

- 情绪更积极。
- 身体以最佳状态应对当前处境。
- 对处境的评估更切合实际。
- 执行力得到提高。

他们的生产力和幸福感都有所提高。只要把压力看作一项有意义的挑战，压力就能带给我们需要的激励作用，使我们尽最大可能发展和实现自我价值。

长期处于严重或习惯性压力中，对自己是不利的，而适度的短期压力会使我们的思维更敏捷、观察力更强、身心更健康——我们越了解这些益处，就越愿意去体验它们。

3.8/10

2015年，在美国心理学会的压力调查中，设定的压力水平参考值为1～10，人们认为3.8是一个**健康的压力水平**，而自己受到的压力水平为5.1。

培养韧性

弯而不折

　　没有人喜欢受到压力的感觉，但有些人特别擅长处理和持续应对令人沮丧的事情。怎么才能培养我们的韧性，并不断提高这种能力呢？

什么是韧性？这个词源自拉丁语动词"resilire"，意为"向后跳"。有韧性的人并非从未受过苦，而是能够承受痛苦，并重新振作起来。韧性是一种能帮助我们成功承受压力的品质。有研究表明，韧性好的人在承受压力时，"压力激素"皮质醇水平（见第20～21页）上升相对较小。我们都能从韧性中受益。

有韧性的人格？

　　如果有人特别善于应对压力，是否意味着他们只因幸运而拥有了韧性品质——如果天生不具有这种品质，是否意味着应该甘心过得不幸呢？事实恰恰相反，韧性强并非一种人格特征，也没有人能天生对生活中的挑战具有免疫力。正如欧洲一个心理学家小组在2013年指出的那样，这是"一个动态的适应过程"。在本质上，我们能够学会去适应。选择如何应对逆境，其结果差别很大。

> 对压力来说，韧性并非无所不能，它只是一种从负面事件中恢复过来的能力。
>
> **雷切尔·迪亚斯**
> **（Rachel Dias）**
> 巴西心理学家

✅ 自我效能的力量

韧性的主要核心是心理学家所说的"自我效能"：相信我们的行动有能力影响环境。我们可以从四个方面建立自我效能，必须时刻留意那些能在压力面前增强自信和控制力的机会。

在失败中坚持

"比这更糟的处境，我都活了下来，相信现在可以应对。"

找到好榜样

"妈妈独自把我抚养长大，人是能够变坚强的。"

积极解读情绪

"我感到很紧张，那就把它视为一个激动人心的挑战吧。"

社交群体的观点

"最好的朋友说我是个足智多谋的人，或许他说得对。"

意想不到的策略

20世纪90年代，美国心理学家乔治·博南诺（George Bonanno）进行了一系列研究。他仔细研究了那些承受巨大压力和损失，心理健康状况却保持良好的人采取的应对方法。那些人的韧性令人叹服，他们怎样维持良好的健康状况呢？博南诺将其描述为"丑陋的应对方式"，但行之有效。

- **夸大**自己在压力状态下好的表现。这似乎被看作虚荣，甚至自恋，但有助于摆脱自责。

- **拒绝**接受消极的想法。有些人只是简单地宣称他们能应付，而这似乎被看作自以为是。

- **一笑置之。**一些心理学家可能将其称为不接受现实。尽管玩笑的品位并不总是那么高雅，但幽默可以减轻压力带来的痛苦。

正如"丑陋的应对方式"所讲的，当处于压力之下时，不要因使用非常规应对方式而感到内疚。要运用对自己有效的办法，构建缓冲区，并树立信心（参见右边内容）。

🔍 创建缓冲区

当面临生活中无法回避的压力时，韧性有助于减少压力产生的影响。2015年，巴西对家里有痴呆症患者的家庭护理人员进行追踪研究，而家庭护理毫无疑问是一项有压力的工作。研究表明，包括性格特质、资源和态度等综合因素，可以提高护理人员的韧性和幸福感。

压力性生活事件

积累资源

- **良好应对策略**（见第26~29页）
- **重点关注积极方面**（见第52~53页、第180~181页）
- **自我效能**（见左上内容）
- **内在控制信念**，即做"自己命运的主人"的态度（见第46~47页）
- **充分参加日常活动**（见第174~175页）
- **寻求和迎接挑战**（见第16~17页、第174~175页）
- **强大的社交支持**（见第176~179页）

获得韧性

享受较小的压力，更自信，心理更健康。

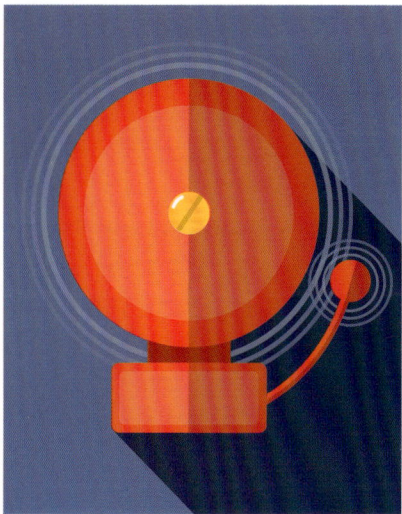

人体报警系统

压力生理学

传统科学一直用"战斗或逃跑"来描述身体对压力的反应，但最近的研究却描绘出一幅更为复杂的画面。了解这一点能帮助我们更有效地管理压力。

当我们感到压力时，身上究竟会发生什么反应呢？最初是身体反应，而且极其强烈。

应激反应化学物质

压力是一个复杂的涉及全身的生物学过程，整个过程由两种化学物质主导：类固醇激素皮质醇和神经递质去甲肾上腺素——一个通过神经系统传递信号的化学信使。

> 身体机能发生的变化"使其"更具战斗力。
>
> **沃尔特·布拉德福德·坎农**
> （Walter Bradford Cannon）
> 美国神经学家，关于"战斗或逃跑反应"的论述

去甲肾上腺素是"战斗或逃跑"的信使，当我们面临威胁时，它会第一时间做出反应。例如，如果一只狂吠的狗突然扑向你，你的第一反应就会往后跳，准备还击或者逃跑。去甲肾上腺素使身体产生如下变化：

- 心跳加快。
- 血压升高。
- 体能上升。
- 警惕性提高。

它向肌肉输送更多血液，使大脑和身体在面对威胁时能迅速做出反应。

皮质醇是一种"应激激素"，比去甲肾上腺素反应慢（皮质醇的反应以分钟计，而去甲肾上腺素反应不到一秒钟）。皮质醇的作用：

- 促进葡萄糖产生，为身体提供能量。
- 提升大脑消耗葡萄糖的能力，使大脑能更迅速地思考。
- 调节食欲、性欲和消化等其他系统功能。在压力大的时候，皮质醇会直接调用身体这些系统资源，使身体能够专注应对生存必需的更为迫切的行动。

皮质醇还能帮助我们从压力中恢复，使大脑和身体其他部分恢复平静。

去甲肾上腺素和皮质醇在我们的生命中起着至关重要的作用，在我们的应激反应中扮演着关键角色——如果这两种激素含量过高，而且持续时间太长，则会导致不良后果。通过学习良好的应对策略来缓解压力，可以保护我们的身心健康。

🔍 两个系统

人体并非只有单一的神经系统，而是有两个相辅相成的系统：交感神经系统和副交感神经系统。当谈论应激反应时，我们实际上所说的就是交感神经系统的激活。

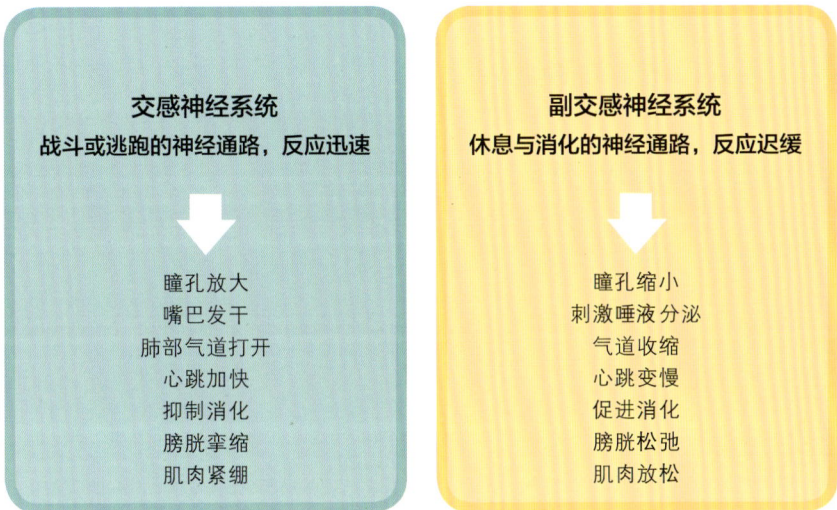

<table>
<tr><td>

交感神经系统
战斗或逃跑的神经通路，反应迅速

⬇

瞳孔放大
嘴巴发干
肺部气道打开
心跳加快
抑制消化
膀胱挛缩
肌肉紧绷

</td><td>

副交感神经系统
休息与消化的神经通路，反应迟缓

⬇

瞳孔缩小
刺激唾液分泌
气道收缩
心跳变慢
促进消化
膀胱松弛
肌肉放松

</td></tr>
</table>

交感神经系统让我们立即采取行动来应对威胁。然而，当在休息、进食和恢复的时候，像放松（见第150~151页）和冥想（见第132~135页）等刺激我们副交感神经系统的活动可以起到帮助作用。

压力曲线

压力对工作业绩的影响是好是坏呢？事实上，对每个人来说，都有一个"最佳点"，但每个人的点又都不同。1908年，美国心理学家罗伯特·耶克斯（Robert Yerkes）和约翰·多德森（John Dodson）建立了一个倒置U形的理想压力量模型，这个模型至今仍被使用。他们描述了下丘脑－脑垂体－肾上腺（HPA）分泌的应激激素的作用。压力太小，我们就会感到无所事事，缺乏成就感；压力太大，我们就会变得焦虑不安，无法集中精力。在这两个极端之间，我们的情绪表现为一种流动状态——从警觉、专注到做好最佳响应的准备。

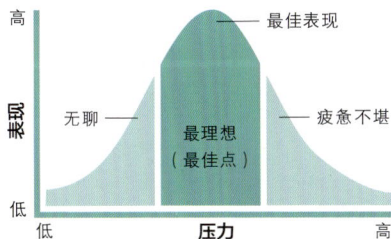

图中：
高　最佳表现
无聊　最理想（最佳点）　疲惫不堪
表现　低
低　压力　高

🧠 激活报警系统

在面对真实或潜在威胁产生应激反应时，身体对外部环境和内部资源进行评估。

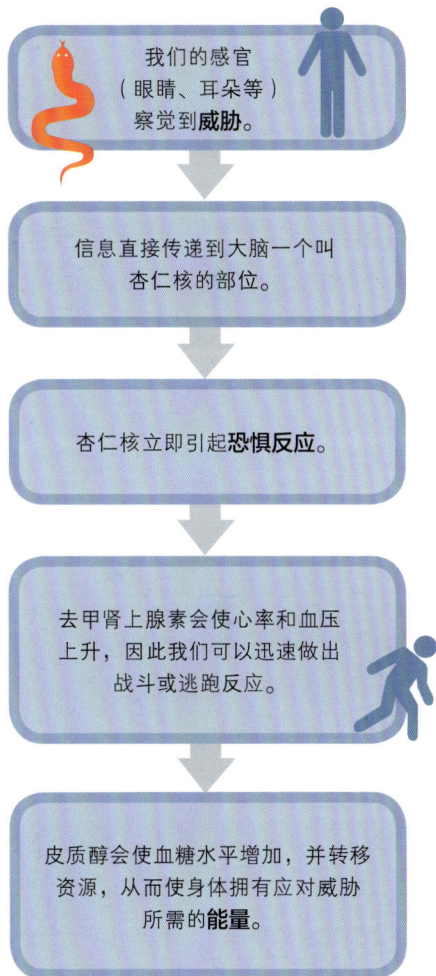

我们的感官（眼睛、耳朵等）察觉到威胁。

⬇

信息直接传递到大脑一个叫杏仁核的部位。

⬇

杏仁核立即引起恐惧反应。

⬇

去甲肾上腺素会使心率和血压上升，因此我们可以迅速做出战斗或逃跑反应。

⬇

皮质醇会使血糖水平增加，并转移资源，从而使身体拥有应对威胁所需的能量。

如果威胁不是迫在眉睫，让我们有时间去思考，大脑海马体会使我们想起过去的经历，这可能会减少恐惧。而且，大脑皮层让我们能够评估，并计划一个应对策略。

当你认为压力有益，你就是一个勇敢的人

凯利·麦戈尼格尔，

斯坦福大学心理学家

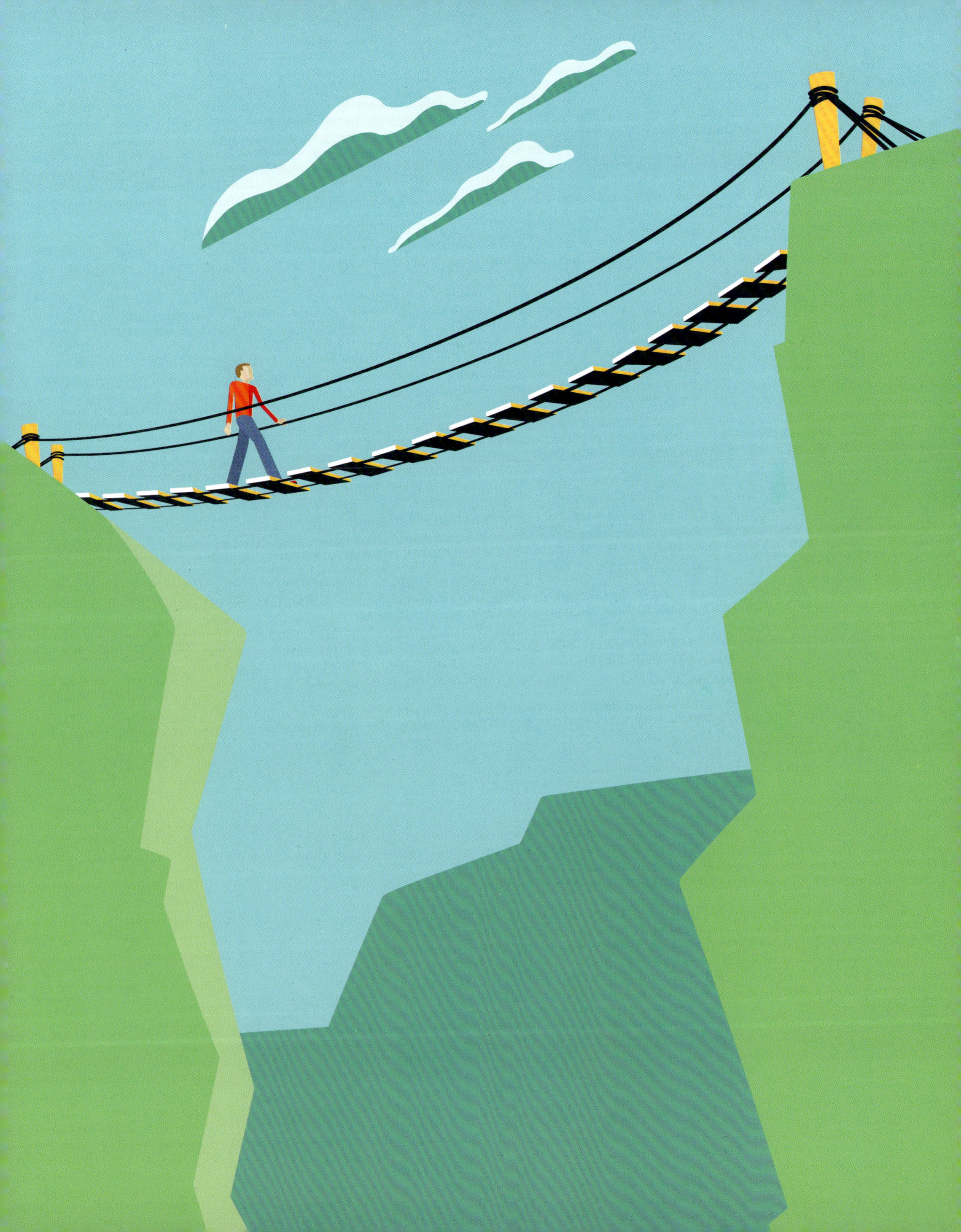

识别压力源

找出"问题点"

一切让我们感到威胁或不知所措的经历、问题或情况都是"压力源"。为使生活更易于管理，首先要了解自己的压力源在哪里。

压力源是破坏自我平衡的事件。身体在正常状态下，内部环境处于平衡状态，体温、血糖、血压和激素水平等相对稳定。这些因素同时受生理和心理威胁的影响，除非它们恢复到正常水平，否则身体将开始遭受不良影响。

真实或感知到的威胁

任何与身体健康有关的威胁都是一种压力源——跌倒或车祸，会引发一定程度的压力。压力源也可能是我们认为危险的东西。如果在工作中得到的评价很差，虽然不会有身体危险，但你可能担心失去工作和无力支付账单。即使没有发生直接的身体对抗，你的身体也会将这种经历视为危险，并会出现血压升高等症状。

压力可能源于各种各样的经历。试着在下一页进行自我评估，看看你勾选了多少问题。每个人都有自己的压力源，但这份清单涉及的压力经历几乎每个人都体验过。虽然多数人在经历这样的问题时都会感到一定程度的压力，但到底能承受多少痛苦，至少部分是由自己来决定的。这本书讨论了各种各样可供使用的技巧，既可以帮助减少生活中的压力源，也可以有助于更好地应对那些无法完全消除的压力源。

? 关系压力源

- 最近分居或离婚了吗?

- 有婚姻问题吗?

- 最近丧偶了吗?

- 最近有没有失去亲人或朋友?

- 还是单身吗?

- 性生活有问题吗?

- 有结婚计划吗?

- 怀孕了吗?

- 刚生完孩子吗?

- 生孩子是否难产?

- 儿子或女儿最近刚离开家吗?

- 伴侣最近换工作或退休了吗?

- 在照顾残疾或身体不好的人吗?

- 与姻亲相处有困难吗?

- 看望家人的次数比平时多还是少呢?

- 最近的社交生活有变化吗? 变得更繁忙, 还是更空虚呢?

? 身体压力源

- 身体不好或受伤了吗?

- 过去是否经历过打击, 或做过其他危险的事、可怕的工作?

- 是否经历了一次创伤性事件, 如意外或抢劫?

- 想戒掉一种习惯, 如吸烟或吃垃圾食品?

- 已经取得了最近必须得到的最大成就?

- 刚刚开始或刚刚完成教育阶段?

- 准备搬家吗?

- 居住在嘈杂的不舒服的环境中吗?

- 入睡困难吗?

- 遇到了法律上的麻烦吗?

- 是否面临种族、性取向或其他方面的歧视?

- 有人欺负或虐待你吗?

- 是否有物质成瘾的问题, 如酒精、药物或咖啡因?

- 感到孤独吗?

? 工作和金钱方面压力源

- 失业了吗?

- 最近升职或降职了吗?

- 和上司的关系出现问题了吗?

- 工作是否远远超出自己能承受的范围?

- 是否处于长时间工作、公开表现、损害身体, 或不友好的环境中?

- 打算换个行业工作吗?

- 上下班的路程很辛苦吗?

- 有抵押贷款或其他贷款吗?

- 难以应付各项开支吗?

- 最近经济状况发生了重大变化吗?

- 快退休或最近刚退休吗?

🔍 五大压力源

　　霍姆斯–拉赫压力清单（Holmes–Rahe Stress Inventory）, 是被医学界公认的权威的压力测量调查问卷表。它列出了生活中的五大压力源: 1. 丧偶; 2. 离婚; 3. 夫妻分居; 4. 坐牢; 5. 近亲离世。

减压机制

拥有自控力

我们都有自己处理压力的方法，但有些方法更有效。搞清各种方法的利弊，有助于选择正确的减压策略。

应对压力是一个宽泛概念，涵盖了使威胁局势变得更加可控的所有想法，以及采取的所有措施。心理学将压力应对方式分为两种基本类型："以问题为中心"和"以情绪为中心"。这些应对策略哪些最适合，很大程度上取决于自己所处的环境。

以问题为中心的应对策略

在我们有能力改变的情况下，选择以问题为中心的应对策略通常更好。其方法包括：

- 改善时间管理方法，给自己做出必要的改变所需的时间。
- 分析形势，搞清我们能承担或不能承担的事情。
- 通过加班来度过危机。（这只是一个解决短期问题的方法；如果加班变成常态，那就成了问题。）
- 和能帮你改变目前处境的人聊聊。

如果所处状况能够改变，压力源可能消失，或者至少减轻一些压力负担。

> 尽**人事**，听**天命**。
>
> **爱比克泰德**
> （ Epictetus, 55—135 ）
> 斯多噶派哲学家

如何做出正确选择?

如果我们能够处理好问题,以问题为中心的应对策略是最佳选择,但在某些情况下,以情绪为中心的应对策略则是唯一选择。

应对策略	可以改变的情况	无法控制的情况
以问题为中心的应对策略	✓ 有助于减少压力	✗ 易于增加挫折感
以情绪为中心的应对策略	✗ 问题未得到解决(如健康问题),并可能更加糟糕	✓ 有助于减少内在压力

以情绪为中心的应对策略

以情绪为中心的策略主要涉及控制你对压力源的反应。无法控制自己所处的环境,这是自然的;如果不能改变处境,那么改变对压力的反应,这在一定程度上会减少环境造成的负面影响。也就是说,某些以情绪为中心的应对方法可能导致更多问题。

× **酒精或毒品**。它们或许能起到短暂缓解压力的作用,但可能导致更多健康问题,甚至让人产生依赖性。

× **饮食无度**。吃垃圾食品或过多食物都不利于健康,因为会导致体重增加,进而伤害我们的自尊。

× **沮丧**。纠缠于糟糕的状况中不能自拔,往往会使事情变得更糟。

× **幻想**。沉迷于一厢情愿的想法,会令人对现实感到不满。

× **逃避**。拒绝面对,不能解决问题。

× **指责**。自责增加了患抑郁症的风险,而责备他人会造成关系疏远。

下面是更有效的以情绪为中心的应对方法。

√ **获得社交支持**。研究证明,朋友和家人的安慰降低了我们承受的压力水平(见第176~179页)。

√ **冥想和(或)祈祷**。对于自如地运用这些方法的人来说,可以有效提高情绪的稳定性(见第132~135页)。

√ **写作**。例如,写一篇感恩日记有助于改善情绪(见第40~41页和第108~109页)。

√ **寻求治疗师的帮助**。适当治疗是非常有帮助的(见第208~209页)。

❓ 治疗还是忍耐?

针对当下面临的问题,是采用"以问题为中心"还是"以情绪为中心"的应对策略来解决?

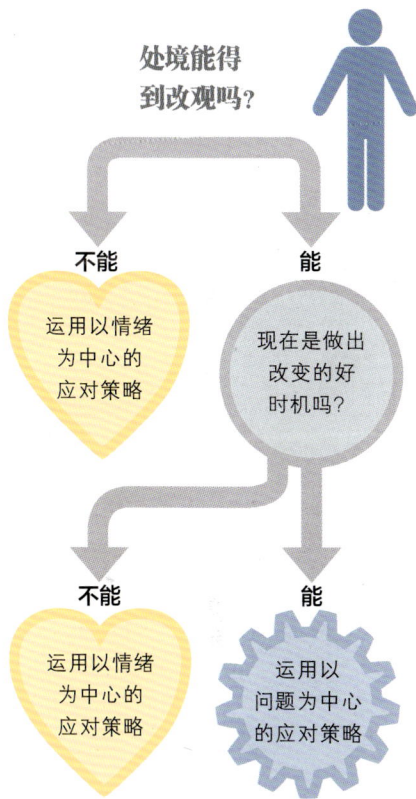

心理学家一致认为,在某些情况下,只要我们选择的策略能够有效解决情绪问题而不是试图回避,在短期内运用以情绪为中心的应对策略可能是正确选择。

选择的方法可能因压力源不同而异,所以要运用最好的判断力,选择一种符合需要的应对策略。

> **应对策略**包括努力**防止或减少威胁、伤害和损失，或减少与之相关的痛苦。**
>
> **查尔斯·S. 卡弗**
> （Charles S. Carver）
> **詹妮弗·康纳–史密斯**
> （Jennifer Connor-Smith）
> 美国心理学家

▶▶ 认知重构的力量

"认知重构"被认为是一种最具建设性的应对机制。压力是一种无法对付挑战的感受，而思考我们认为自己无法应对挑战的想法是如何产生的，就是减轻压力的一种方法。

半满还是半空？

认知行为疗法（Cognitive Behavioural Therapy，CBT；见第52～53页），是以重构原则为基础的。对于短期和慢性压力来说，它是一种经过充分研究，并被证实有效的管理方法。它有助于自己了解压力在脑海中的呈现状况。如果你惯于消极理解事情（把杯子看成半空而不是半满），那尝试换个角度，看看这样是否带给自己更多的自信。

2014年，美国进行的一项研究，请志愿者在实验者面前唱卡拉OK。据报告，那些在唱歌之前被要求说"我

◉ 评估流程

美国心理学家理查德·拉扎勒斯（Richard Lazarus）和苏珊·福尔克曼（Susan Folkman）认为，压力是我们所处的外部环境，以及我们如何对外部环境做出反应的有机结合。拉扎勒斯把反应定义为"认知评价"——我们如何认知现实处境，并指出我们会经历初次和二次评估阶段。如果你正承受压力，那么要意识到在管理压力过程中，第一次评估和第二次评估一样重要。

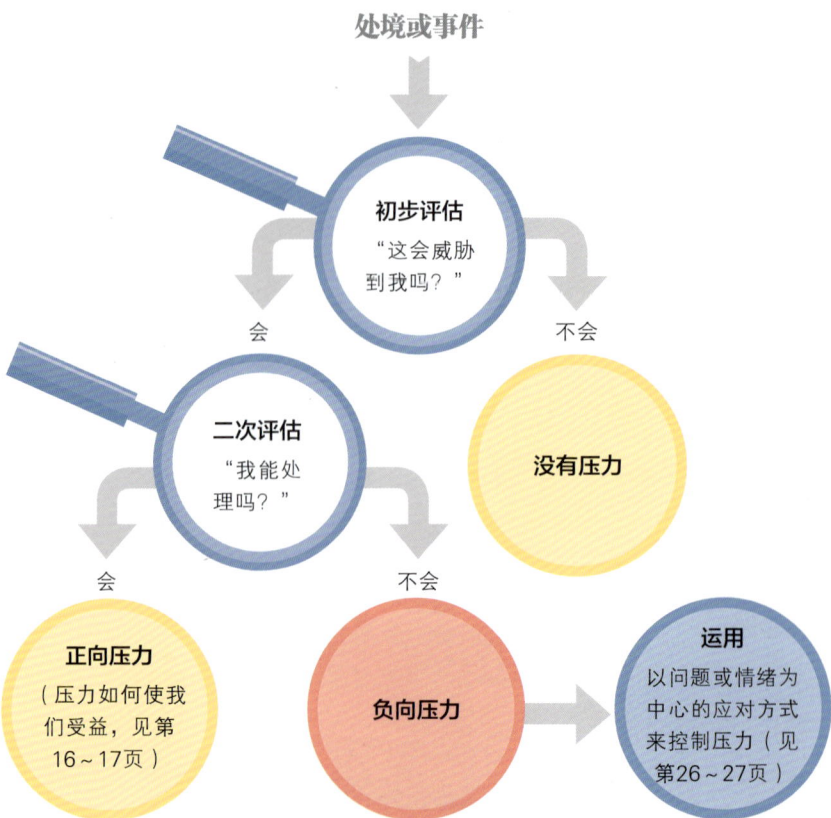

处境或事件

初步评估
"这会威胁到我吗？"

会　　不会

二次评估
"我能处理吗？"

没有压力

会　　不会

正向压力
（压力如何使我们受益，见第16～17页）

负向压力

运用
以问题或情绪为中心的应对方式来控制压力（见第26～27页）

很激动"的志愿者，比那些被要求说"我很紧张"的志愿者，在唱歌时出错更少，对自己的能力更有信心。通过重新描述处境和他们对处境的反应，"激动"的歌手能够将压力转化为一种能量，这不但有助于他们的客观表现，而且有助于改善其主观感受。

我们有时需要通过解决问题来解决压力，有时则需要通过控制情绪来解决压力。无论采取哪种解决办法，都要尝试去更积极地重新审视自己的处境：这样做很可能带来更好的结果。

❓ 成熟度

心理动力学理论关注的是人的思维过程而不是行为，它认为面对压力，我们利用防御机制——其中一些比较成熟，比另一些更有用。许多初级（幼稚的）反应易于以情绪为中心，而大多数成熟的反应包括解决问题，还包括更为正向的以情绪为中心的解决办法。在极端压力下，我们更有可能采取不成熟的应对策略。如果感到压力很大，那么就停下来问问自己：如果正在使用的策略较为幼稚，换一种比较成熟的方法是否更有帮助呢？

幼　稚	比较成熟	成　熟
■ **情景再现**。愤怒、自残和其他危险行为："那个司机怎么敢追上我！"（加速）	■ **替代**。把怒火发泄在一个与问题无关的人身上："要不是你把事情搞砸了，我会有足够的时间来处理！"	■ **自信**。用尊重、坚定的语气清晰地表达自己的需要："亲爱的，今天孩子放学后，我要去游泳俱乐部接他们，我希望你把晚餐准备好。"
■ **分割**。在行为上表现出生活中某部分与另一部分没有任何联系："我不会因为老板让我做不道德的事情而感到内疚——那只是工作，与我无关。"	■ **理性**。集中思考，避免陷入主观情绪当中："妈妈中风了，哭泣没有意义——我得去研究一下这个病。"	■ **补偿**。一个方面的劣势从另一个方面的优势中得到补偿："是的，老板总是找我麻烦，很幸运的是，我的同事都很好。"
■ **拒绝接受**。拒绝接受现实："那个乳房肿块可能没什么事。"	■ **合理化**。对不想接受的现实做出解释："尼娜说她想离开我并非出自真心——她只是在考验我对她的承诺。"	■ **升华**。将不可接受的突如其来的念头向较能接受的想法转化，比如通过开玩笑、分散注意力或利他主义的方式："我现在对妹妹的处境感到很沮丧，如果主动提供帮助，我的感觉会好些。"
■ **心理分离**。在精神上麻痹，让自己麻木，使自己无法注意或感觉到什么："我现在不能想这件事，只想看电视。"	■ **压抑**。抑制不可接受的想法："生气不是好人。"	
■ **猜测**。由己及人："我不喜欢那个人，他一定也把我看成白痴。"	■ **后悔**。为弥补令人遗憾的行为，走向另一个极端。例如，慷慨地赞扬受到你无意侮辱的人："哦，亲爱的，我冒犯了弗兰克。我要告诉每个人他是多么聪明、有才华。"	
■ **反向作用**。将不希望出现的想法向相反的方向转化："我不相信玛莎吗？当然不是。"		

压力和个性有关吗

个性与压力

个性影响我们与压力相关的各个方面，从我们所处的环境，到如何反应和应对。一个经典心理学模型可以帮助评估自己有多么容易受到伤害。

经过几十年的不断测试和改进，1981年，美国研究人员刘易斯·戈德伯格（Lewis Goldberg）最终将"五因素模型"命名为"五大"（Big Five）。"五大"是最权威和被广泛接受的人格测验手段之一。五大个性特点是，外向性/内向性、随和性、尽责性、开放性和神经质性。

> "O" 开放性
> "C" 尽责性
> "E" 外向性
> "A" 随和性
> "N" 神经质性
>
> "五大"首字母缩写

神经质

"神经质"这个词听起来很刺耳，但它仅意味着某类人更容易感受到压力，更难摆脱负面情绪和感受。

如果你是一个相对比较敏感的人，持续有效的自我关爱就更为重要。努力提高应对技巧（见第26～29页），并且具有良好的压力管理能力，神经质就可以得到控制或降低。因此，即使有"神经质"人格特质的人，也并不意味着不能拥有幸福生活。

其他人格特质

即使神经较不敏感的人，某些情况下也容易产生压力。为帮助自己保持身心健康，请关注以下几点。

- **安排适合自己的社交日程。** 性格外向的人在孤独时会感到压力，而内向者则感到社交带来的压力过大。
- **结交志趣相投的朋友。** 相比不太随和的人，和蔼可亲的人更容易受到冲突的困扰。他们更愿意合作，而不是对抗。如果让不太随和的人顺从社会期望，他们可能感到有压力。
- **切实做好工作计划。** 尽职尽责的人往往负担过重，压力也随之增大。而那些缺乏责任心的人一旦玩忽职守，就会将自己推向承受压力的境地。
- **了解自己的舒适区。** 对新事物持开放态度的人，如果感到无聊或受到限制就会有压力。相对保守的人，因为要改变并必须以新方式思考问题而感到有压力。

要了解自己的需要，并请记住没有所谓"正确"的个性，只能找到适合自己的有效应对压力的方法。

? 自我测试

你在"五大因素模型"中属于哪一种类型？如果同意某类中的大部分内容，你就会在这个个性特征上获得很高分数。由于不同个性意味着不同的舒适区域，测试结果可以作为指导性参考，根据自己的个性来选择哪种生活方式压力最小。

1
- 我喜欢和一大群人交往。
- 人们认为我很健谈，并且精力充沛。
- 我觉得坚持自我很容易。
- 我有时可能好多管闲事。

2
- 我发现同情别人并不难。
- 我宁愿放手，也不愿寻求报复。
- 我姑且愿意相信别人。
- 我不是一个非常要强的人。

3
- 我认为条理性很重要。
- 我把责任和义务看得很重。
- 你无法鼓动我起来反抗。
- 我信守始终如一。

4
- 我喜欢探讨新思想。
- 我把创造力和想象力看得很重要。
- 偶尔走出舒适区是有益的。
- 我并非特别传统的人。

5
- 我很容易感到不安。
- 我不够自信。
- 我发现自己遇到压力就很难平静下来。
- 我对自己要求可能很严苛。

1=外向： 你的个性是外向的，不是内向的。
2=随和： 你是一个合作者，而不是挑战者。
3=责任心： 你富有责任感，并且不冲动。
4=开放： 你喜欢新体验和新思想，不墨守成规。
5=神经质： 你特别容易受到压力影响。

? 五大标度

五大特征中的每个特征都是分级的——从左向右，由低到高。使用左边的测试，看看自己的特质定位。这将有助于你理解为什么有些人更容易相处、有些情形更容易应对。

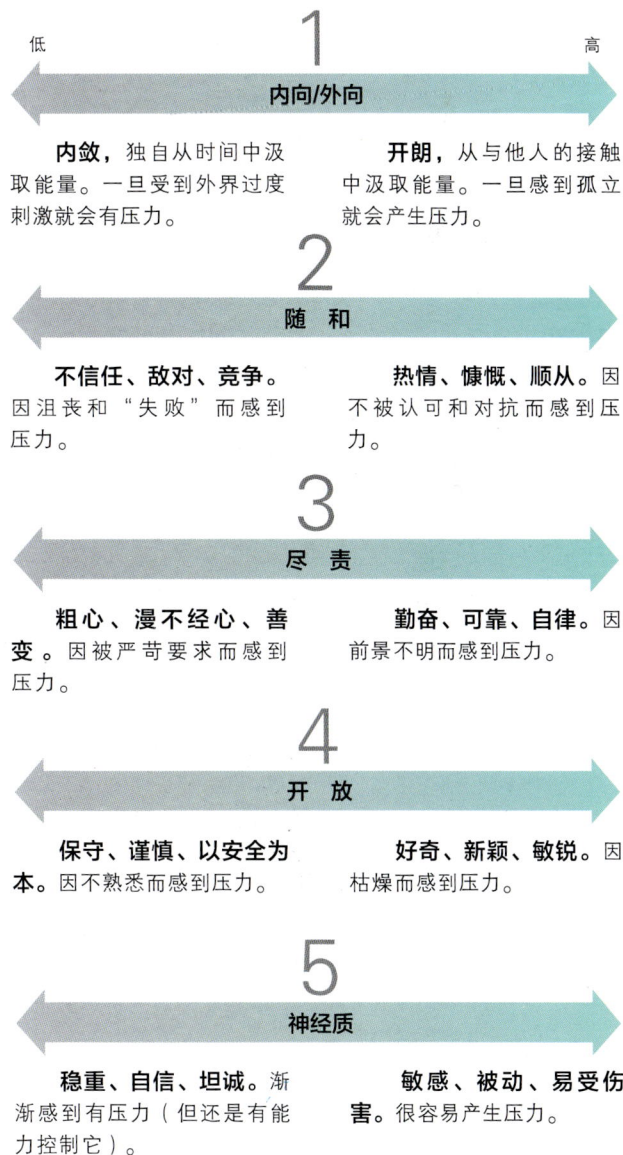

低 **1** 高
内向/外向

内敛， 独自从时间中汲取能量。一旦受到外界过度刺激就会有压力。

开朗， 从与他人的接触中汲取能量。一旦感到孤立就会产生压力。

2
随 和

不信任、敌对、竞争。 因沮丧和"失败"而感到压力。

热情、慷慨、顺从。 因不被认可和对抗而感到压力。

3
尽 责

粗心、漫不经心、善变。 因被严苛要求而感到压力。

勤奋、可靠、自律。 因前景不明而感到压力。

4
开 放

保守、谨慎、以安全为本。 因不熟悉而感到压力。

好奇、新颖、敏锐。 因枯燥而感到压力。

5
神经质

稳重、自信、坦诚。 渐渐感到有压力（但还是有能力控制它）。

敏感、被动、易受伤害。 很容易产生压力。

像男人一样对待压力吗

男人、女人和压力

尽管每个人都是独特的，但有证据表明，在处理压力的方式上，通常情况下的确有"男性"和"女性"之分，有时男性和女性之间可以相互取长补短。

人们或许都有这样的刻板印象，男人锐意进取，女人充满母性。就压力而言，研究结论似乎支持这种看法。

2000年，《心理学评论》发表了一篇有影响的美国研究报告。该研究报告表明，男人可以通过进入"战斗或逃跑"模式来应对压力，变得咄咄逼人，或者试图逃避局势。女性更有可能采取"体贴和友好"的应对方式，会向他人伸出援助之手，以促进相互支持的关系。

2014年，维也纳大学一项研究对性别差距进行了测试，其研究结果与上面的结论相呼应。研究人员认为，在压力下，人们会变得更加以自我为中心。也就是说，不太可能忽略自己而去考虑到他人感受。他们对男性的看法是一致的，对女性的看法却有所不同。他们认为，在压力下，女性更

Q 一切尽在大脑中

2013年，美国的一项研究对男性和女性的大脑进行了扫描，看看两者是否有不同的思维方式。研究结果表明，男性大脑在感知和行动之间表现出更多的联系，而女性大脑则在分析和直觉处理模式之间表现出更多的联系。在压力下，男性大脑通常更倾向于寻找积极的解决方案，而女性大脑则倾向于仔细观察社会环境，试图理解每个人的动机。

善于"解读"他人情绪。

生理决定命运吗?

从生物水平来说,男性和女性体验压力的方式相同,产生的应激激素皮质醇水平也类似。然而,有证据表明,男性和女性在应对同样的基本压力水平上,选择不同的应对方式。确切原因还不清楚,部分原因可能与荷尔蒙有关。在2014年的那项研究中,发现女性的催产素水平高于男性:催产素是一种"拥抱激素",主要与社会联系有关。"体贴和友好"也可能是一种后天习得的行为。正如研究推测,妇女"可能已经内化了这样一种经验,即更好地与他人互动时,会得到更多的外部支持",而男性则认为这是一门很难的功课。

无论"天性如此"还是"后天习得",男性和女性在应对压力时,行为表现确实不同。

不同性别的经验教训

无论男性还是女性,从这些研究中都会获得一些有用的经验教训。正如研究人员观察到的,能够在压力下表现出"体贴和友好"是一项非常有价值的技能。现代生活中的大部分压力都是逐渐累积而成的,并且相当复杂。如果正在追逐或追赶一个对手,"战斗或逃跑"都是有用的。但在现代生活中,社会支持更有可能帮助我们解决问题(见第176~179页)。

谁的压力更大?

2015年,根据美国心理学会的一项压力调查,男性和女性对压力水平的看法存在性别差异。

该报告将平均压力水平分为1~10级:

女性 男性
5.3 4.9

据报告可能处于高压力水平的美国人的百分比:

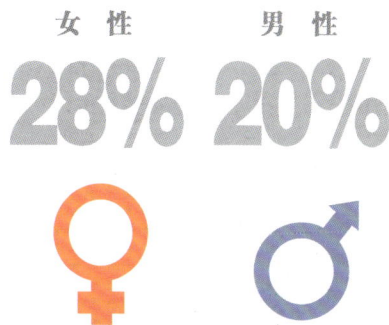

女性 男性
28% 20%

如果你是男性,提醒自己,感到压力时,最有帮助的选择是多与他人接触。而女人有时为了利益表现得过于"体贴和友好",却会使自己受到伤害。正如美国心理学会发言人卡尔·皮克哈特(Carl Pickhardt)所说,"在关系中的自我牺牲,不知使多少女性陷入压力中"。有时,自私一些可能有助于维护自己的利益。在"男性"和"女性"应对压力方式之间找到一种平衡,可能对每个人都是最好的选择。

? 压力是怎样产生的?

2010年,在美国心理学会的一项调查中,发现各种不同程度的压力症状,即压力对我们会产生的不同程度的影响。如果你已经有了这些压力症状,那么对自我的评价就不要过于苛刻了。

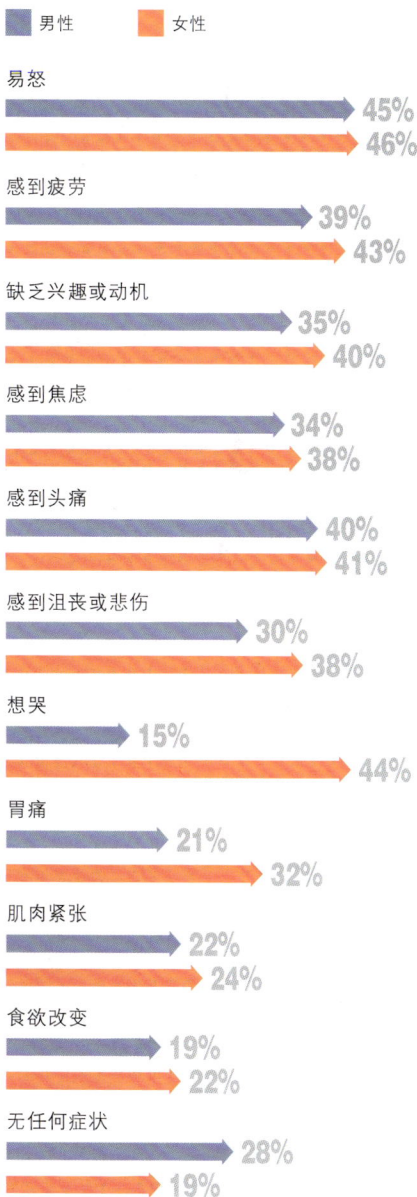

■ 男性　■ 女性

易怒
45%
46%

感到疲劳
39%
43%

缺乏兴趣或动机
35%
40%

感到焦虑
34%
38%

感到头痛
40%
41%

感到沮丧或悲伤
30%
38%

想哭
15%
44%

胃痛
21%
32%

肌肉紧张
22%
24%

食欲改变
19%
22%

无任何症状
28%
19%

没有绝对完美

把实际标准降低，以减轻压力

你的最好标准就是永远不够好？追求完美主义的苛刻标准会耗尽生活的乐趣，使你始终处在很高的压力之下。现在该让自己歇下来吗？

完美主义听起来可能不错，毕竟在任何行业追求高标准的人都可能成功。然而，始终追求过高标准，就会给自己带来很大压力。

关于完美主义的争论

对我们来说，坚持完美主义总是不利，抑或只是在某些情况下不利呢？2003年，美国心理学家肯尼思·赖斯（Kenneth Rice）将追求高标准的人分为"适应性"和"不适应性"的完美主义者。适应性有助于我们以积极方式融入环境。在这种情况下，当追求高标准却达不到的时候，适应性能够帮助我们应对由此产生的压力。不适应性则会带来一些问题，比如因觉察到失败而感到非常

痛苦。加拿大心理学家保罗·休伊特（Paul Hewitt）根本不认为完美主义具有适应性。他指出完美主义会增加我们患精神疾病的风险，包括厌食症和抑郁症，并且会增加自杀的风险。

与此同时，2003年的一项英国研究发现，最有可能陷入绝望和痛苦的是那些追求完美又"拒绝面对"问题

> 理解**健康的奋斗**和
> **完美主义**之间的
> 区别是至关重要的。
>
> **布琳·布朗**
> （Brené Brown）
> 美国治疗专家和研究员

的人。也就是说，这些人以视而不见，而非直接面对的方式来处理问题。在追求无法达到的标准与逃避问题共同作用下，最终导致压力和抑郁。

关于追求完美主义是否属于积极品质，心理学家对此仍有争议。以上这些证据表明，具有完美主义倾向的人更难应对生活中的压力。

怎么办？

当其他人向我们施加压力、要求我们做到完美时，最好的自我保护就是设定适当界限，并保持自信（见第92～95页）。如果对完美主义的追求来自内心，可以参考美国国际强迫症基金会（International Obsessive Compulsive Disorder）杰夫·希曼斯基（Jeff Szymanski）的一些建议。

- **优先顺序**，根据价值观来划分。如果想把每件事做得完美，会给自己

✏ 减压提示卡

加拿大不列颠哥伦比亚焦虑症协会（The Anxiety Disorders Association of British Columbia）建议我们在提示卡上写一些积极的客观表述，并随身携带，以便在完美主义使我们感到压力过大时，提醒我们面对现实。

> "我只是人类一员。"

> "没有人是完美的。"

> "休息一天并不会让我失败。"

> "犯错是正常的——每个人都会犯错。"

> "如果我已经尽力了，这就是我所能做得最好的了。"

带来巨大压力，那么只按高标准完成最重要的事情。

- **不拒绝尝试。** 冒险和犯错不一定是灾难，也可能是积极的学习经历。
- **边际效应减少。** 大多数努力的回报主要发生在早期，回报的比率随后开始下降，最终变得不再有意义。
- **自我褒奖，** 即使成绩不够完美。例如，在最后期限到来之前，最好先完成一个稍微不太完美的产品。这样做，远优于花很长时间去完成一个理想产品，最终却无法按时完成。
- **找到榜样。** 谁的目标与你相似，但付出的努力比你少？面对挑战时，多问问他们或自己，他们是怎么处理的。

　　我们都必须学会接受某种程度的不完美。如果你能对自己说，人都容易犯错，那么你的生活压力就会小很多。

❓ 你有多完美?

完美主义者有几种表现。

看看下面的选项中，你同意哪一项。

A 我真希望关心的人都会成功。

B 我越成功，身边的人对我的期望就越高。

C 我不能懈怠，直至达到完美。

A 我不能为那些不尽力做事的人烦恼。

B 我很难达到人们对我的期望。

C 每当我犯了错误，会感到不舒服。

A 我对让我失望的人缺乏包容心。

B 尽管人们没说什么，但我所犯的错误真令他们心烦。

C 我必须竭尽全力去工作。

"A"代表 "以他人为导向"的完美主义：你期待他人完美。

√ 可以通过提高对他人的宽恕能力来减轻自己面临的社会关系压力（见第106~107页）。

"B"代表 "社会规定的"完美主义：其他人期望你完美。

√ 可以通过提高自我肯定的能力，来设定更为有益身心健康的界限（见第92~95页）。

"C"代表 "自我导向型"的完美主义：你给自己设定了完美标准。

√ 可以通过更宽容地对待自己来减轻压力，因为没有人是完美的。

我们之所以是人类，就是因为我们不完美

克莉丝汀·内夫，

心理学家和同情专家

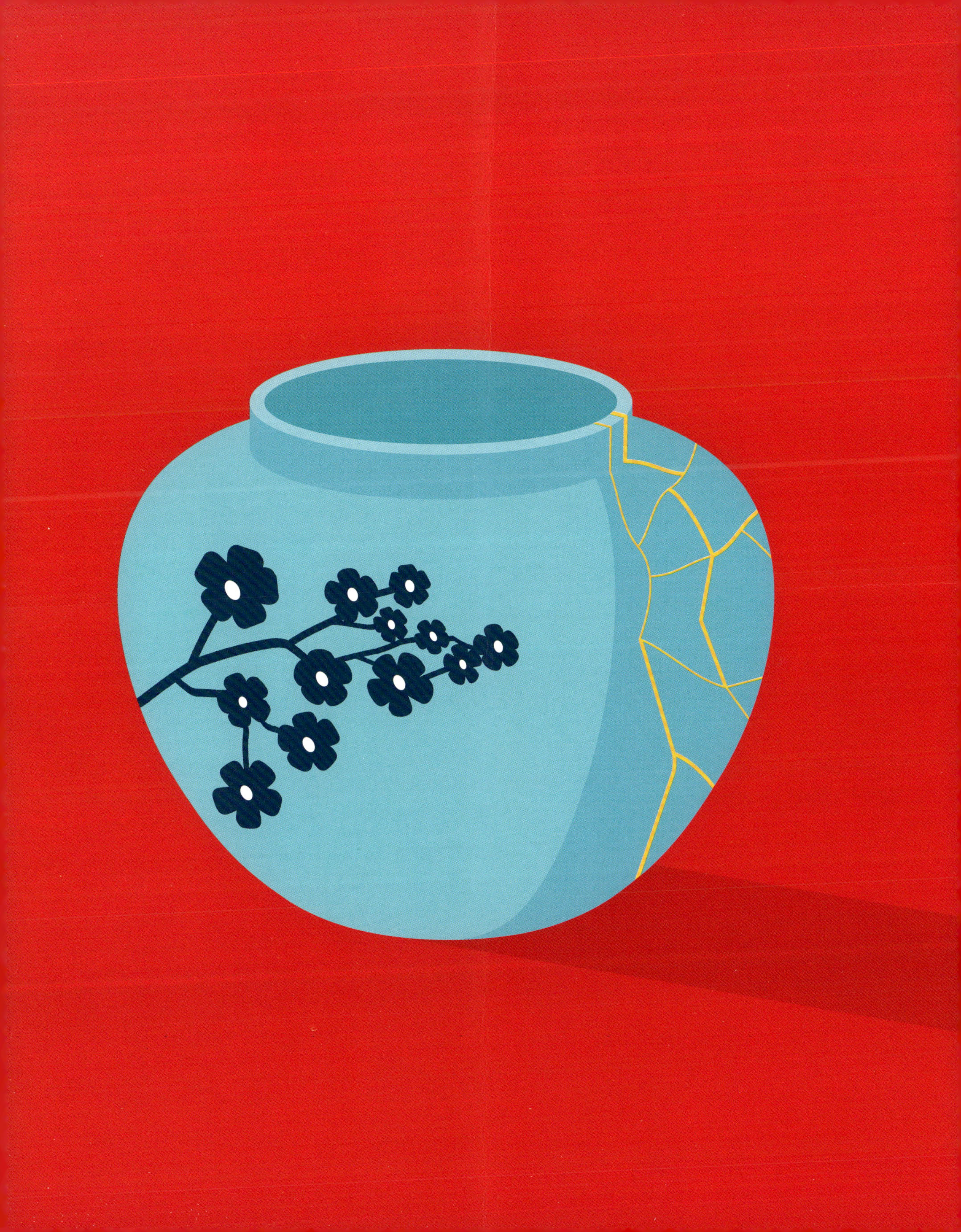

自我同情

做一个自我慰藉者

有时候，我们最大的敌人就是自己。如果我们为自己所犯的每个错误或遭受的失败而感到自责，就很难摆脱压力。一系列可以帮助你善待自己的练习，或许就是你要找的答案。

当你感到压力，并且需要安慰时，第一个能安慰你的人就是自己。2005年，一项英国研究发现，自我同情，就像一个善良的人会对别人表现出来的那样，对自己持有同样的宽容态度，就会使身体的警报系统解除警报。给予自己一点同情是减轻压力的关键。

三条途径

美国心理学家克莉丝汀·内夫（Kristin Neff）指出可以帮助我们降低压力的三个要素。

1 **善待自己。**我们很珍视并善待他人，却经常对自己说一些永远不会对他人说的话，比如"你这个白痴"。如果我们以对他人的同情心来善待自己，可能感觉会好很多。

2 **共有人性。**每个人在生活中都会面对挑战。与其因自己所犯的错误和遇到的问题而感到孤立，不如把它视为与他人分享的一个机会——感到与他人联系更为紧密的想法会让我们舒心。

3 **自我觉察。**我们并非总能意识到对待自己有多么苛刻，甚至很难注意到自己有多么不开心。花时间确认自己的感受，给自己应得的尊重。

温和地了解自己的感受，可以帮助我们更好地应对压力，这是管理压力的基础。

以同情为中心的疗法，受佛教影响，由英国心理学家保罗·吉尔伯特（Paul Gilbert）创建。该疗法认为，有些人的威胁检测系统过度活跃，他们在管理压力方面特别困难——他们比普通人更快识别出压力源。2009年，吉尔伯特在一篇论文中推荐使用以下方法，使人变得更加放松。

■ **富有同情心的关注。**牢记那些你给予或接受的善意，或者你表现出积极品质的时光。把注意力集中在那些让你感到温暖和安全的想象上。

■ **富有同情心的推理。**避免陷入羞耻感和自我批评中而不能自拔。相反，运用逻辑思维，寻找对你的处境和行为更有同情心的解释（见第52～53页）。

■ **富有同情心的行为。**当你不得不做一些有压力的事情时，请给自己足够的自我鼓励。特别重要的是，专注过程而不是任务本身。也就是说，不论结果如何，都要欣赏自己所做的努力。

■ **富有同情心的想象。**想象一个富有同情心的人物，给你需要的一切支持，无论想象的对象是人、动物，还是神灵——只要对你有意义。

■ **富有同情心的情感。**努力培养对自己和他人富有同情心的情感。

■ **富有同情心的感觉。**当你感受到同情的情感的时候，要更多关注身体的感觉是什么样的。例如：你的肩膀会往下沉吗？你的面部肌肉放松了吗？通过了解身体的感受，能够更好地理解自己的情绪，这使你更容易提升同情的能力。

✅ 想象……

2008年，英国的一项研究发现，一种简单的可视化练习有助于减轻压力。如果感到紧张，试试下面这些方法。

1 **想象一个理想中的慈悲形象，**无论人类还是非人类（参见左边"富有同情心的想象"）。

2 **遵循研究人员的指示，**"让自己去感受理想中的形象对自己的慈爱"。

据报道，受试者事后的安全感更强了，应激激素皮质醇水平显著下降。当我们感到压力时，如果能够对自己表现出善意，就更容易控制自己的情绪，更容易自信地面对生活中的挑战。

✅ 自我同情练习

美国心理学家克莉丝汀·内夫建议，当发现自己感受到压力时，请采取以下"自我同情式放松"的方式。

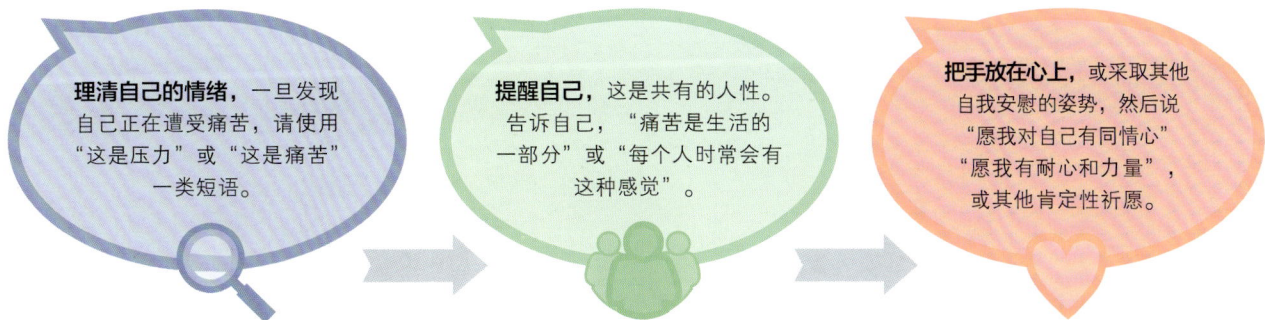

理清自己的情绪，一旦发现自己正在遭受痛苦，请使用"这是压力"或"这是痛苦"一类短语。

→

提醒自己，这是共有的人性。告诉自己，"痛苦是生活的一部分"或"每个人时常会有这种感觉"。

→

把手放在心上，或采取其他自我安慰的姿势，然后说"愿我对自己有同情心""愿我有耐心和力量"，或其他肯定性祈愿。

写出来

坚持记录与压力有关的日记

你可能不是莎士比亚，但手中的笔可以让你成为自己最好的倾听者。写作可以成为很好的应对压力的工具，帮助理解和控制自己的情绪。

写作疗法有助于让身心平静下来。最后，在压力大的时候，纸和笔可能成为最有用的工具。

有益身体健康

1998年，美国心理学家约书亚·斯迈思（Joshua Smyth）将经过广泛研究的结果发表，证实对于那些患有关节炎和哮喘等令人痛苦的疾病的患者来说，写作能增强其免疫系统。2004年，新西兰进行的一项研究发现，艾滋病病毒携带者或艾滋病患者也能从写作中得到类似好处。他们将自己的感受写出来，情绪会好很多。然而，正如斯迈思指出的，仅发泄情绪不够，这会让我们更消极（见第180~181页）。当写作能帮助我们进一步了解压力源和如何应对这种压力时，它才是最有用的。

意义的重要性

首先要清楚了解写作如何能帮助自己，这是很有用的。2002年，美国研究员苏珊·卢特根多夫（Susan Lutgendorf）研究发现，一直保持写日记习惯的志愿者，如果在写日记过程中，能从曾经历过的健康问题中发现意义，自身的健康状况也会相应得到改善。而那些只记录负面情绪者的情绪则变得更糟，不仅比以意义为导向的写作者，而且比对照组的情绪更糟糕。正如卢特根多夫观察所得，"人们不仅需要关注情绪，也要关注思想"。

无论口头还是书面，一味地抱怨也会使自己的压力增大。最好在日记中对以下方面进行认真思考。

- 应对压力时，自己的情绪如何？
- 是否可以尝试其他应对方法？
- 从这次经历中学到了什么？
- 目前的事件赋予生命什么意义——或者什么意义都没有，又会怎样？

如果通过写作发现目前处境的意义（见第44~45页），无论情绪还是身体都可能会更好一些。

> 通过写作，**理顺焦虑情绪**，能帮助自己克服它们。
>
> **詹姆斯·潘尼贝克**
> **（James Pennebaker）**
> 得克萨斯大学奥斯汀分校
> 社会心理学家

每天记压力日记

感受到压力，但不清楚为什么？每天的日记可以帮助自己找出压力源，并追踪自己对压力的反应。我们从中可以看出自己应对压力的方式究竟有助于解决问题，还是使问题变得更糟。尝试两种记录日记的方式，一种是每小时记一次，另一种是每天记一次。预先画一个带有标题和问题的表格，这样在忙的时候也很容易填写。

按小时记录部分

画一个可以记录一整天的格子，每小时填写一次，内容简短。

时间	上午10点	上午11点
我在做什么？	整理老板的文件	刚办完一件差事
我喜欢做吗？	2/10	6/10
效率如何？	8/10	8/10
身体上感觉如何？	烦躁、坐立不安	放松——白天出去办事感觉不错
紧张程度如何？	7/10	2/10

每日记录一次，记录下压力事件

找个安静的时间来填写，并回答下面这些问题。

何时何地？	星期六下午3点，在家中
发生了什么事？	邻居又把音响声开得很大
我做了些什么？	敲击墙壁
采取"以问题为中心"还是"以情绪为中心"的应对方式？（见第26～29页）	采取"以问题为中心"的应对方式，但没有效果
在压力最大时感觉如何？	感觉在自己家里也没有私人时间
有帮助吗？	他把声音调小了，但只小了一点，我还是很生气
下一次我能怎么办？	让他从我们这边听他播放的音乐，这样他才能知道声音对我们来说有多大

潘尼贝克范式

20世纪80年代，美国社会心理学家詹姆斯·潘尼贝克发明了一种被他称为"表现性写作"的技巧——当你面对特定的、可识别的压力时，做自己的治疗师。他提供了一些简单指导。

1 至少连续4天，每次坚持写20分钟。

2 选择一个重要主题，是你亲身经历过的。例如，家庭危机给自己带来的压力。

3 坚持写。拼写错误、标点符号、墨水污迹、糟糕笔迹，所有这些都不重要，只要坚持写就行。

4 只写给自己看，甚至写完之后就可以把这些文字扔掉。只是写出自己的感受，并不是要写给读者看。

5 不要把自己逼入绝境。如果在某一时刻觉得某个主题让你太难过，那就停下来，别写了。

6 写完可能会感到有些悲伤或疲劳。这种感觉一两个小时后就会消失。

这样做值得吗

压力与自信

感觉自己无法应对生活中的每件事，这种情绪会削弱自己的能力和价值感。如果你感觉自我形象不健康的话，就可能质疑自己有能力克服压力，无法让自己感觉更好。我们都要努力保持冷静和自信，思考如何提升自我评价的技巧。

避免比较

自信的一个关键因素就是喜欢自己的本真。经常拿自己与别人比较，会增加自身压力。即使自己已经取得很多成就，但总会有一些别人能做而自己不能或无法做到的事情。

心理学家将"自信"度高的自尊与"脆弱"度高的自尊进行对比。自信的自尊给我们一种这样的感觉，我们基本上讨人喜欢，也是有价值的。如果自尊心非常脆弱，我们就会用成功来定义自己，而不愿意面对失败，但这样做就无法从错误中吸取教训。然后，我们很容易因任何关于自我形

当感到不知所措时，很难自我感觉良好。有时健康的自信是有益的，相信自己值得拥有更好的东西，这种感觉是改善压力管理的强大动力。

> 自信心很强的人喜欢、重视和接纳自己，他们接受**自己的一切，包括自身的不完美。**
>
> 迈克尔·克尼斯
> （Michael Kernis）
> 美国心理学家

? 自信的程度

　　谦虚不是很好吗？也许，但太不自信是不正常的。长期处于压力状态会让人自我感觉不好，忽视自我照顾，使情绪更糟，并认为自己不该得到更好的待遇。认识到这点可以帮助我们努力提升自我价值感，有助于我们认识到自信有程度之分，追求适度自信而不走极端。看看你处于下面哪个程度，以及是否会从更安全的自控感中受益（参见下面"做自己的主人"）。

很 低	低	非常健康	过分膨胀
› 感觉丢人	› 情绪无常	› 自信	› 自我膨胀
› 自我忽视	› 脆弱	› 现实	› 自我防卫
› 郁闷	› 谦虚	› 值得拥有幸福	› 怀有敌意
› 感到慢性（长期）压力	› 经常感到压力	› 懂得管理压力	› 稍感被忽视就有压力

象可能会受到质疑的暗示而被激怒。在建立自信时，要欣赏自己的成就，但要重点关注那些对你有意义的事情，而不要在意这些成就是否给别人留下深刻印象。这种方法不仅可以增强自信，还能使自己的情绪更加稳定。

做自己的主人

　　2011年，瑞士的一项研究发现，自我控制感是一个关键因素——认为自己有能力，并且能够管理自己的生活。美国心理学家盖伊·温奇（Guy Winch）推荐使用一些切实可行的措施来增强这种意识。

1 不要说泛泛的誓言。如果自己并非真正相信，"我是伟人"的说法只会让你感觉更糟，这反而会提醒你并不认为自己会成为伟人。

2 发现自己真正的优势。做自己擅长的事情，无论事情多小，都是建立自信的坚实基础。

3 发掘自己的能力。如果能把一些事情做得很好，就多做一些。因为这可以证明自己有能力胜任。

4 接受赞美。如果听到赞美而感到不自在，那么只需说声"谢谢"就好，但要让自己听到赞美。

5 肯定自己。因把事情做好而感到开心是一种健康心态，并非自负。

　　要努力欣赏自己最好的品质，而不是将自己与他人比较。随着时间推移，这将会增强自信，有助于改善自己应对压力的方式。

✓ 享受很好的空间

　　一间破败不堪的肮脏房子令人沮丧；当你环顾个人周围的空间时，如果得到的信息是你没有多大价值，这会进一步削弱自信和应对压力的能力。英国精神病学家尼尔·伯顿（Neel Burton）建议为自己创造一种舒适的环境（见第166~167页）。通过展示照片、纪念品，以及对特殊时刻和特别人的回忆，来证明自身价值的存在。

发现意义

承受压力是值得的

没有压力，我们就快乐吗？远非如此。健康的压力水平有助于培养自己的情感，实现自己的目标。挑战帮助我们发现压力中的价值所在。

压力会让我们感到不快乐，但快乐并不是衡量幸福的唯一标准，在生活中会发现意义也很重要。

幸福的三条途径

美国心理学家马丁·塞利格曼（Martin Seligman）是积极心理学运动的先驱，重点研究人们如何，以及为何会茁壮成长。塞利格曼认为，纯粹根据是否愉快来衡量自己生活的假设是错误的。他进一步描述了通往幸福的三条途径。

> "善问"者能找到解决任何问题的"方法"。
>
> 维克多·弗兰克尔
> 奥地利精神病学家，引用德国哲学家尼采的一段话

- **舒适的生活**（又称"享乐主义"生活）：拥有许多乐趣，并知道如何享受它们。
- **美好的生活：** 了解自身长处，开创自己的事业、建立自己的家庭生活、休闲活动和友谊，并且能够充分利用这些优势（见第174～175页）。
- **有意义的生活：** 将自身长处与事业结合起来，创造出比自身更伟大的事业——自己真正崇尚的事业。

2008年，澳大利亚对超过1.2万名成年人进行了一项调查。研究发现，这三种生活类型都寓意幸福，但与舒适的生活（"享乐主义"生活）相比，美好（充分参与）的生活和有意义的生活带给人的幸福感更强。舒适的体验与幸福并不矛盾，但对幸福来说，有意义的生活更为重要。压力当然不是令人愉悦的，但它是与有意义的生活相伴而生的。

如何创造有意义的生活？

维克多·弗兰克尔（Viktor Frankl）是一位奥地利精神病学家，他在大屠杀中幸存下来。在职业生涯中，他研究了意义心理学，并且建议通过三种不同途径来识别意义。

1 **源于创造性价值观的意义。**去做或完成认为值得做的事情。

2 **源于经验价值的意义。**弗兰克尔举了一个例子，一位登山者登上高山看到日落时，感到振奋。

🔍 充实的人生

压力会破坏积极情绪，但其意义是积极的，能够让人以另一种方式感受生活。积极心理学明确了获得完满生活的五大要素，可以分别以五个开头字母PERMA来概括这五大要素。

P	积极情绪	幸福、愉快、高兴
E	兴趣吸引	兴趣与"心流"（参见第174～175页）
R	关 系	与他人有爱的互动
M	意 义	感受到意义
A	成 就	迎接挑战，以自己为荣

3 **源于态度价值的意义。**即使在悲伤或压力大的情况下，我们也能找到意义。例如，经过思考，我们打算做一些有价值的事情。

其他关于发现意义的实际建议。

√ **对自己的生活进行连贯叙述。**美国心理学家罗伯特·比斯瓦-迪纳（Robert Biswas-Diener）提出进行一些简单写作练习（见第40～41页），在这些练习中描述自己渴望的最好的自我，无论在道德还是成就方面，并考虑具体策略，以实现自己的目标。

√ **慷慨支持他人。**2013年，一项美国研究发现，追求幸福生活的人往往是"接受者"，而追求有意义生活的人往往是"施舍者"。

√ **不寄希望于领导。**2016年，英国的一项研究发现，糟糕的老板让人感到工作毫无意义，人们却很少提到善于激励人的老板，主要因为人们的意义感来自自己认为的对社会的贡献。

在某种程度上，生活压力是可以忍受的，甚至是可取的，只要你觉得它有意义。

🔍 意义的源泉

2016年，美国研究人员洛金·乔治（Login George）和克里斯特尔·帕克（Crystal Park）共同发表了一篇论文，指出有意义的生活具有三个核心特征。

1 **目的。**拥有有价值的生活目标，激发自己积极向上，指导自己做出选择。

2 **理解力。**能够理解自己的生活经历，并把它们看作生活中不可分割的一部分。

3 **重要性。**感受到自己的存在对别人来说有价值，也有意义。

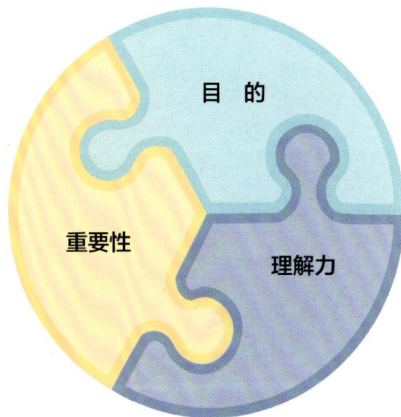

目 的

重要性

理解力

关键是要弄清楚，在你的人生中，自己最关心的是什么——从更高的目标或更长远来看，你觉得什么是适合自己的。如果能够弄清楚这一点，那么相对来说，每天的压力可能会变得不那么重要了。

自我掌控感

了解自己的极限

最令人沮丧的事情莫过于试图控制一个丝毫不考虑我们意愿的人。不过，我们要相信自己能够控制自己的行为、想法和感受，并让自己感到更加平静和自信。

回击欺凌者

我们通常可以通过控制自己的反应来削弱一个令人厌烦或有攻击性的人产生的影响（请参见下文"夺回控制权"）。值得注意的是，经研究证实，被欺负的压力会使自己变得更脆弱，以致很难对抗抑郁和焦虑。

心理学家将欺凌定义为使用权力和攻击使他人痛苦，表现为以下两种方式。

- **直接欺凌**。公开表示威胁，如暴力、性骚扰、威胁和侮辱。
- **关系攻击**。通过散布谣言、流言蜚语和故意排斥而使他人痛苦。

在这两种情况下，都应该通过增强自信来保护自己（见第42～43页），但避开它们有时可能是最好的解决办

尽管很想控制别人，但你唯一能够控制的对象只有自己。历经各种生活体验，你能轻松掌控压力对自己的影响。

> "自我控制"是
> 人类**最宝贵的财富**。
>
> **威廉·霍夫曼**
> 美国心理学家

法。例如，更换工作团队。这种状况可能会持续一段时间，在此期间会承受压力，所以要向社会支持力量求助（见第176～179页），而且在计划避开消极的人时，就开始与积极的人相处，以充实自己的生活。

自我控制无聊吗？

自我控制往往与拒绝生活享乐有关，但实际上可以让自己生活得更幸福。2013年，美国心理学家威廉·霍夫曼（Wilhelm Hofmann）领导的一项研究将自我控制定义为"超越或改变自己内心反应的能力"。研究发现，自我控制能力强的人，往往较少起冲突，情绪保持得更好，生活满意度更高，压力也更低。了解在生活中想要的东西，并朝实现的方向努力，我们就会拥有更快乐的心态。如果能够不让暂时的压力或诱惑使自己分心，我们的感觉就会更好。

使用认知行为治疗技术，可以通过挑战有压力的想法来提高自我控制力（见第52～53页），而正念可以帮助控制自己的情绪（见第132～135页）。自我控制力是有限度的，但要提醒自己，我们在思想、情感和行动上所拥有的力量远远超出自己的想象。

夺回控制权

我们的感情同时受自己的想法和他人行为影响。试图改变别人更有可能导致双方产生挫折感，并不能减少压力。相反，试着重新审视，以便能够掌控自己的情绪。

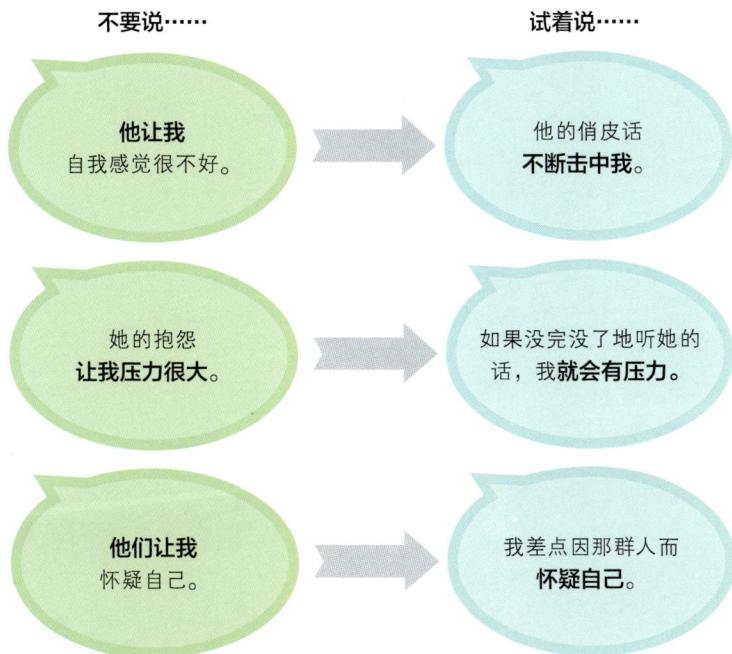

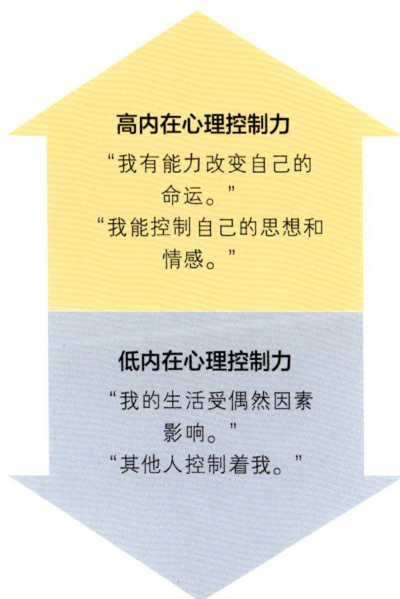

心理控制源

你认为自己是命运的主宰，还是听从命运的安排？如果更多认同前者，你的"内在心理控制力"就很高，而这样的人往往不太容易抑郁和焦虑。提醒自己，有能力控制自己的压力，这可能有助于实现自我。

不要说……		试着说……
他让我 自我感觉很不好。	→	他的俏皮话 **不断击中我。**
她的抱怨 **让我压力很大。**	→	如果没完没了地听她的话，我**就会有压力。**
他们让我 怀疑自己。	→	我差点因那群人而**怀疑自己。**

高内在心理控制力
"我有能力改变自己的命运。"
"我能控制自己的思想和情感。"

低内在心理控制力
"我的生活受偶然因素影响。"
"其他人控制着我。"

打破忧虑循环

应对不确定性

如果一个可能发生的问题（一个尚未发生的问题）的前景，让你受到的压力升高，你可能因此变成一个充满忧虑的人。焦虑本身会产生压力（焦虑者常常担心他们的忧虑过重），所以学习一些帮助控制焦虑的技巧是明智选择。

抛开忧虑

20世纪80年代，美国心理学教授托马斯·博科维奇（Thomas Borkovec）开发了一套针对过度忧虑的四步疗法。其原则是，如果我们整天都在担心，就会将某些特定地方与忧虑联系在一起。当我们再次看到这些地方时，忧虑就会自然出现。博科维奇给出了打破这种循环的四个步骤。

1 找出自己的想法和情绪中忧虑的部分。

2 用一段时间在某个地点思考那些让你烦恼的事情。

3 如果发现自己在某个时间和地点之外焦虑，请停下来，在指定时间再重新思考这些让你烦恼的事。

4 利用"焦虑时间"，努力找到解决困扰自己的问题的方法。

这些步骤可以显著降低压力。2011年，在荷兰的一项研究中，志愿者只尝试第一步，就感到平静了许多。完成这四步，他们的忧虑程度就大大降低。

有时候，越担心什么就越会发生。如果不知道会出现怎样的结果，就很难制定应对策略。然而，一味地焦虑毫无帮助，还是要设法处理好焦虑。

✔ 挥之不去的焦虑

强迫性焦虑症被美国心理学家威廉·多夫斯派克（William Doverspike）描述为一种反抗性螺旋，施加的压力越大，就会被压得越深，并可能使人呈现出一种恍惚状态。下面看看自己是否能识别出这种症状。

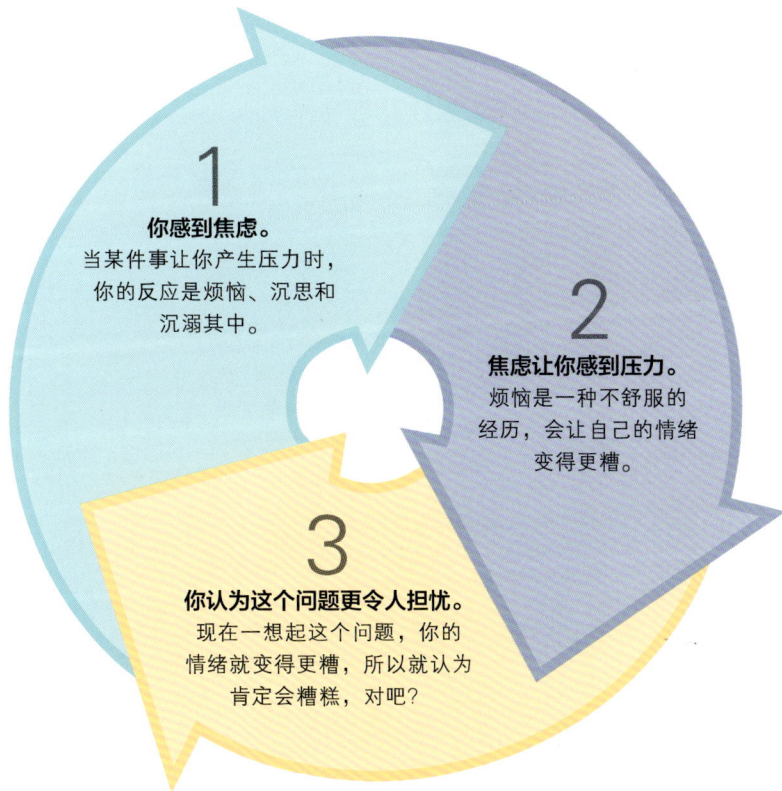

1
你感到焦虑。
当某件事让你产生压力时，你的反应是烦恼、沉思和沉溺其中。

2
焦虑让你感到压力。
烦恼是一种不舒服的经历，会让自己的情绪变得更糟。

3
你认为这个问题更令人担忧。
现在一想起这个问题，你的情绪就变得更糟，所以就认为肯定会糟糕，对吧？

打破这种螺旋形模式需要一定的精神力量，所以尝试下面这些"打破恍惚的方法"，看看它们是否可以帮助你将对压力的反应引导到一个更积极的轨道上。

- **改变环境。**例如，出去散步，关注周围的环境。

- **换一种不同的情绪。**听舒缓的音乐，或看一部令人兴奋的电影。

- **从事业余爱好。**做一些可以让自己感到有乐趣和放松的事，犒劳一下自己（见第150～151页）。

- **做一些富有挑战性和有趣的事情。**这会吸引你所有的注意力，并创造出"心流"（见第174～175页）。

- **运用平静呼吸练习法**（见第129页）、渐进式肌肉放松法（见第131页）或冥想（见第133页）。

✐ 接受不确定的事

许多心理学家建议创建一张工作表，思考如何应对未知的事情，认为这样能够帮助自己从一些压力中解脱出来。

1 必要的、确定性的事件如何帮助或阻碍我？

2 如果它阻碍我，该如何应对呢？

3 如果不知道会发生什么，自己会预测一些不好的事情吗？

4 不好的事情发生的可能性有多大？

5 如果机会很小，自己能接受吗？

6 我是否能够忍受不确定的事情发生？

7 我的朋友和家人如何应对不可预料的问题？

8 我能从他们身上学到什么吗？

9 我能把这些应对技巧应用到生活的方方面面吗？

> 不值得焦虑……
> 毕竟我们担心的事
> 绝大部分永远都
> **不会发生。**
>
> **赛斯·吉利汉**
> （Seth Gillihan）
> 美国心理学教授

对付压力最好的武器，就是转念

威廉·詹姆斯（WILLIAM JAMES），
哲学家和医生

减轻思想上的压力

认知行为疗法的力量

我们所有人都会遇到压力，但你是否曾经有过这样的经历，认为事情发展比实际情况更糟？认知行为疗法可能正符合你的需要，能帮助你正确看待事物。

认知行为疗法（CBT）是一种被普遍推荐使用的谈话疗法。2012年，经过对数百项研究进行分析（这些研究包括对患有各种情绪障碍和其他精神疾病的患者进行治疗），充分证明认知行为疗法是有效的，尤其在降低压力方面效果显著。如果你很容易产生痛苦想法，可以提高自己捕捉这些想法的技巧，在它们让你非常不开心之前捕获它们。捕捉（Catch）、检查（Check）、改变（Change）被称为认知行为疗法的"三C"。

捕捉消极想法

10种常见的"认知扭曲"——让事情看起来比实际更糟的思维方式，列在右页的表格中。如果你的思维中经常包含认知扭曲，不妨尝试下面的方法。

1 **找出困扰自己的想法。** 例如："我承担的项目太多了，到期无法完成，这让所有客户看来都很糟糕。"

2 **自问究竟多么认可这个想法。** 设定一个百分比，比如85%。

3 **自问这种想法是否认知扭曲。**

4 **再仔细想想，换一些不同的说法：** "我之前都严格在截止日期完成了工作"，或者"这个客户的完成日期可以灵活些"。你可能仍有疑虑，尝试其他解释，看看是否合适。

5 **尽量冷静看待证据。** 这些事实真的支持自己的悲观预测吗？有没有更令人鼓舞的证据呢？

6 **自问到底多么相信这个令人心烦的想法。** 答案不一定是"一点也不"。如果已经从85%下降到45%，那就是一个很显著的进步。

捕捉和重构认知扭曲越多，你就越能够驾轻就熟。最终，它将成为你的新常态，你也不用那么费力去改变自己的想法了。

> 情绪产生于对事件的理解。
>
> **弗兰克·吉纳西博士**
> （Dr Frank Ghinassi）
> 匹兹堡大学精神病学副教授

解决认知问题

如果容易想到最坏的情况，就容易感到压力。心理学列出了10种常见类型的扭曲思维，但随着认知重构，人们可以学会控制这种倾向。

认知扭曲	情形是怎样的	例子	换一种说法	支持新说法的反例
非黑即白的极端思维	如果不够完美，就一定毫无希望。	"我考试不及格——我是白痴。"	"这张卷子对每个人来说都很难。"	"吉娜和利奥也失败了，他们通常做得很好。"
过分归纳	一旦发生过一次，以后一直会这样。	"汤姆没回电话，我连朋友都维持不住。"	"他只是不喜欢常和朋友联系。"	"我有一直保持联系的好朋友。"
心理滤除	只专注负面细节，而不顾大的背景。	"教练喜欢我的控球能力，但说我需要更多耐力，我就因此退出了。"	"如果他不相信我，就不会告诉我该做些什么。"	"控球很重要，只要努力，我就能增强耐力。"
不够积极	将好消息和积极反馈一笔勾销。	"老板说我做得很好——她只是想鼓励我们。"	"也许她是认真的。"	"我知道她是个诚实的人，为什么要认为这是一种虚假的恭维呢？"
草率下结论	读心术和算命——预测灾难。	"自从我们约会以后，他就没打过电话，他不想和我在一起。"	"昨天才约会过。也许他太忙了，还没来得及给我打电话。"	"在我们上次约会时，他说他过得很愉快，说我是个很有魅力的人。"
放大坏的/看低好的结果	将坏消息视为一场灾难（灾难化），而将好消息看作没什么大不了的。	"他说我的报告需要修改，他会解雇我。"	"这只是一种反馈，如果好好接受的话，我会表现不错。"	"我从没见过他们因为这样的小事解雇任何人。"
情感推理	将主观感受当作事实。	"我想自己是个失败者，所以我一定是那样。"	"也许今天只是累了，所以感到气馁。"	"我以前取得了很多成就。"
"应该"性陈述	给自己制定规则。	"我的狗死了，我不能哭泣。这太可悲了。"	"我真的很喜欢那条老狗，爱是美好的。"	"有同情心并不会让我变得软弱，我有一颗仁善之心。"
乱贴标签	根据一次行为去判断一个人。	"我刚刚泄露了一个朋友的秘密，我是个坏朋友。"	"不小心说漏嘴了，我会尽力弥补。"	"我仍然是一个值得信赖的人，仅仅一个错误不能改变这一点。"
带有个人感情色彩	出问题就责备自己。	"我儿子情绪不好，我是个坏家长。"	"他只是个十几岁的孩子，他心中有数。"	"我去看了他的所有比赛，他知道我在乎他。"

压力有多大

处于不安与危险之间

大多数压力被精神病学家称为亚临床状态——足以影响生活质量，但不足以引发可诊断的疾病。然而，压力越大，持续的时间越长，身心健康就越容易受到伤害。了解自己的压力处于什么水平，对于懂得如何管理压力至关重要。

■ **急性压力**是一种短期危机，比如公开演讲。短暂的压力可能令人兴奋，甚至有用，并没有什么害处，除非压力过大或造成创伤（见第204～207页）。负面影响可能包括情绪困扰和身体症状，比如头痛和胃痛，但通常是可控的。

■ **周期性急性压力。**当急性压力经常出现时，就形成了周期性急性压力，比如因为你习惯承担过多事情而经常发生这样的危机。培养自信（见第92～95页）、确定优先顺序的技巧（见第146～147页）和正念（见第132～135页），有助于减少周期性急性压力产生的影响。

■ **慢性压力**使自己长期处于高压状态下，比如为一个总是让你超负荷工作并不断批评你的老板工作。在这种情况下，你感到沮丧、疲惫不堪，患上身体和精神疾病的风险增加。这样，你可能需要寻求治疗师的支持和帮助（见第208～209页），提升自己应对压力的技巧。

生活中有些压力是不可避免的，在一定压力水平之下，我们通常是能够应对的。要对自己的心理健康时刻保持警惕，这样才能知道什么时候自己需要更多的帮助。

❓ 生活质量

如果感到压力远远超过了自己的承受能力，就要认真对待这种情绪感受。请对照这里提出的五个问题。

想一想

在业余时间感到很难放松吗？
压力会对自己的整个情绪造成影响吗？
全部注意力都在感受痛苦吗？
是不是正在养成一些不健康的习惯？
是否觉得很难控制自己的情绪？

如果对以上问题的回答是肯定的，那么压力肯定会影响自己的健康。接下来的内容可以帮助你通过学习一些减压技巧来识别哪些办法对自己有益。

有多么严重？

慢性压力对人体造成的一个特征性影响是形成"认知障碍"，这可能已经到了应该咨询医生来弄清它是否会严重影响心理健康的程度。如果压力使正常思维都变得困难（见最右边内容），就会干扰解决问题和处理多任务的能力，从而加剧压力。

偶尔经历很大压力不会对自己造成伤害，除非压力非常极端。但是，如果压力长期存在，运用技巧来管理压力，或许会让自己更开心一点。不管自己处于怎样的压力水平下，培养良好的自我关心的习惯，将压力保持在可忍受的水平下是很重要的。我们将在接下来的内容对此进行探讨。

🔍 感觉累坏了吗？

适度的"压力激素"皮质醇是必不可少的，但如果长期处于压力状态之下，持续升高的皮质醇水平会导致以下几种情况。

- 免疫系统受到抑制，这会导致我们处于易受感染的危险之中。
- 食欲增加，葡萄糖产生过多，可能导致体重增加、血糖升高和其他健康问题。
- 高血压，会导致心脏病和中风。

如果皮质醇长期处于高水平，那么会对负责记忆和注意力的关键脑部区域的细胞造成损伤。因此，无论对身体还是精神来说，减轻压力是至关重要的。

❓ 能想清楚吗？

2015年，英国的一项研究明确了一系列测试结果，可以帮助你发现在某方面是否存在问题。如果你不放心，通过下面几点来测试一下自己的表现。

- **推理**。能按照通常标准的速度来解决语言和数字推理问题吗？
- **反应时间**。自己的反应完全变慢了吗？
- **数字记忆**。能记住一个足够长的电话号码，并且拨打吗？
- **视觉空间能力**。拿出六对卡片，随机将它们面朝下排列，一次翻过两张。需要翻动多少次，才能将它们全部配对？
- **前瞻性记忆**。如果得到一个指令，然后稍稍延迟一会儿再行动，还能记起要做什么吗？

每个人在这些方面的能力都不同，所以犯点错误并不需要担心；但如果注意到自己在这些方面的技能低于正常水平，或者与你年龄相仿的人相比要低得多，那可能说明你应该去咨询医生了。

CHAPTER 2
A CONSTANT COMPANION
STRATEGIES FOR DEALING WITH LONG-TERM STRESS

永远的伙伴

应对长期压力的策略

现在的压力

比以往任何时候都大吗

现代生活喜忧参半。我们的技术水平比以往任何时候都先进，但想轻松控制生活节奏却并不容易。让我们从了解其中特定的压力源开始。

在现代生活中，源于工作、生产、交流方式和多任务处理的压力，让许多人觉得永远无法休息。当下的文化究竟如何影响我们的压力水平呢？

> "仅仅解决日常生活需求，许多人仍然感到力不从心。"
>
> 凯瑟琳·诺达尔
> （Katherine Nordal）
> 美国心理学会

富有与贫穷

很少有人对贫穷会造成压力的说法感到惊讶。例如，2006年，一项发表在美国《心身医学》杂志上的研究指出，社会经济地位越低，应激激素水平往往越高。

然而，富裕经济体有其自身的独特压力，最关键的问题是来自时间的压力。1999年，美国心理学家罗伯特·莱文（Robert Levine）和加拿大心理学家阿拉·洛伦萨杨（Ara Norenzayan）在一项基于对31个国家的研究中发现，富有和工业化程度越高的国家，生活节奏越快。在享受更高的生活标准的同时，人们也感到一种持续的紧迫感，更容易患上心脏病。事实上，快节奏的生命可以创造财富，同时也导致人们缺少放松和享受的时光，从而长期感到"时间不够用"。

生活标准

在2008年一项对生活质量的研究中有一个有趣的发现：相对比较贫穷国家的人往往对生活不满意，情绪低落，心情难过，这并不令人惊讶。而富裕国家的很大一部分人却自称"压力重重"。为什么会这样呢？

研究者得出结论，富裕国家相对更为丰富的物质导致了"享乐适应症"（hedonic treadmill）。"享乐"一词意为"追求快感"，源于古希腊语"hedone"，即愉悦。更多的生活消费品和更高的物质标准，意味着人们总觉得自己必须工作得更快、更努力才能让自己的生活达标。这让人们感到更大压力。

如果这些听起来像是自己生活中常见的问题，不妨采取一些切实可行的措施来减轻压力。

⑦ 现代生活能够给我们需要的东西吗？

2000年，南非社会学家鲁特·韦恩霍文（Ruut Veenhoven）在《幸福研究杂志》上提出了一个很有影响的关于如何衡量生活质量的模型。根据他的说法，需要四个条件才能让自己从容地应对生活中的压力。

适合生存的环境
无污染的生态系统、政治自由、有效运作的经济系统、文化机遇。

有用的一生
合乎某种道德要求的生活，比如同情心。

个人的生活能力
身体健康、心理健康、技能、知识和理解能力。

对生活的欣赏
积极心态与展望。

环境并不完全由我们掌控，但通过调整生活技能、日常活动与对事物的看法，就能在很大程度上减轻压力。

√ **适当运用**通信技术。它是有帮助的，但过分运用就会带来全天候的压力（见第60~63页）。

√ **精简开支**。如果某种东西并非必需品，考虑一下这是否就是"享乐适应症"式的购买——在这种情况下，就省下这笔钱（见第88~89页）。

√ **寻找机会**，让生活过得有意义，而不只是过得愉快（见第44~45页）。

√ **花点时间**去享受生活中那些简单的、花费不多的娱乐方式，比如在公园散步（见第98~99页、第154~155页）。

√ **努力欣赏**自己已经拥有的东西（见第108~109页）。

√ **了解自己的感受**，尤其是那些可能压垮自己的情绪，这样就可以提早采取措施，避免出现精疲力竭的状态（见第84~85页）。

今天的生活给人们提供了很多机会，但这个日益忙碌的世界让人们感到很难驾驭生活，也很难平静下来。本章将从头至尾讨论现代生活中常见的压力源，并提供简单却行之有效的技巧。这些技巧有助于减轻压力，增加自己对有意义的、花费不多的娱乐方式的享受。

日常麻烦事

2017年，美国心理学会的年度压力调查列出了最常见的几种压力来源。

61%
财务问题被61%的受访美国人列入主要压力源。

58%
工作压力成为半数以上人的主要压力。

50%
经济因素对于半数接受调查的人来说是一个显著的压力源。

80%
在调查前一个月，有八成的人报告自己至少有一种因压力造成的**心理或生理症状**，两者都会对**我们的健康**造成影响。

如果你觉得现代生活压力重重，这并非软弱的表现，因为大多数人和你一样。

解决技术带来的压力

应对数字时代

无论你患有技术恐惧症还是小工具爱好者，通信技术都是当代生活的一个主要特征，它也会产生压力。现代人如何管理压力呢？

减少多任务处理

多任务处理是一个主要的压力源，而社交媒体使我们更容易受到它的压力。2009年，斯坦福大学一项研究发现，在完成其他任务的过程中同时使用多种形式社交媒体的人，在记忆力和注意力测试上的得分有所下降，滤除无关信息的能力也较低。努力排除数字化干扰会让人感到难以忍受的压力，并且导致注意力不能集中。

社交媒体使人分心。2010年，美国进行了一项研究，在学生电脑上安装了间谍软件。即使在应该学习的时间里，而且知道自己的行为会被记录下来，学生们还是在电脑上访问了与学习无关的软件（比如社交媒体），平均访问时间占学习时间的42%。

那些令人分心的事会干扰我们执

作为互联网时代的公民，在我们的生活中，互联互通达到前所未有的水平。在生活的每个领域，我们全天候使用通信技术，这就需要采取新的方法来应对其带来的压力。

> **一直在线，就是无法关机。**
>
> **理查德·巴尔丁**
> （Richard Balding）
> 英国职业心理学家，关于IT压力

行和完成任务。

休息一会儿

　　对技术的使用进行控制和减少有压力的多任务处理活动，是有可能做到的（见第64～65页）。如果玩多媒体已经成为一个不健康的习惯，那么从长远利益考虑，就要制订一个计划来改掉它。

　　从短期角度看，美国心理学家和技术专家拉里·罗森（Larry Rosen）给出了"技术休息"的建议。也就是说，在工作时间关掉自己的设备，然后设定"技术休息"时间，以查看社交媒体。在设定时间之外，关闭设备。这样就可以减少分心，使自己工作得更有效率。

离不开智能手机

　　2014年，美国的一项研究发现，深夜使用智能手机的人会睡得更不安稳，而且发现第二天工作起来压力更大。这可能是由两个因素引起的。

- 屏幕上明亮的光线抑制身体产生褪黑激素，这是一种促进睡眠的激素。
- 手机的侵入性和永远在线的特性使划清工作和休息之间的界限变得更加困难。

　　2014年，荷兰的一项研究发现，对于那些使用智能手机频率高的人来

✅ 技术带来的杂乱

　　毫无规律地使用计算机会带来不必要的压力，技术专家提供了以下一些建议。

- **保持电脑桌面**简单易用——不要有太多图标。
- **取消订阅**不需要的邮件和博客。
- **删除账户**，因为很少使用它们。
- **整理书签**，便于浏览。
- **设置一个文件分类归档系统**，并删除不需要的文件。
- **选择一个主页**，是你习惯使用的搜索引擎，以免被新闻或名人八卦骚扰。
- **不要盲目结交**太多网友，只同你真正关心的人保持社交媒体友谊。

说，很难将智能手机与工作分开，从而导致他们心情低落。

　　这项研究指出了一个例外的情况。对于一些专业人士而言，他们非常习惯并很自在地将工作扩展到个人生活中。当他们定期检查手机时，不仅感受到的压力比较小，而且会更安心。因为他们这样做，是为了确保没有错过任何重要的东西。

　　在通常情况下，对智能手机 ▶▶

夜以继日

1 小时

　　2013年，美国的一项研究表明，在手机和平板电脑的**光线下**，只需2小时就可以抑制睡眠激素褪黑素的分泌量高达**23%**。因此，研究结果建议在睡前屏幕开启的时间要控制在**1小时以内**。

2 分钟

　　2010年，《纽约时报》引用的一项研究发现，电脑用户平均每天浏览**40个网站**，每小时切换**37个程序**，这意味着我们**每2分钟**就更换一次任务。

🔍 压力有多大?

　　2017年，美国心理学会的一项压力调查显示，86%的人说他们"总是"或"经常"查看电子邮件、短信和社交媒体。有关压力水平，据报告，经常查看的人是53%，而那些很少查看的人为44%。

的使用，最好让我们既保持在联络状态，又不会被侵入式占据。这一点对所有设备来说都一样——保持平衡是关键，我们将在本页继续讨论。

要断开连接吗？

经常处于连接状态，对自己不会有什么好处。2012年，在一份提交给英国心理学会的报告中记录了一种现象，受试者对社交信息感到非常苦恼，经常有"幽灵振动"的感觉，即使没有收到消息，也觉得手机振动了。

研究员理查德·巴丁指出，在管理工作量方面，智能手机或许可以帮助我们减轻工作压力，但由此与家人和朋友保持经常性接触带来的情绪压力，实际上会提升压力水平。

一分钟的新闻报道可能特别成为问题。例如，美国2013年的一项研究发现，在波士顿马拉松爆炸案后，不断看媒体报道的人比亲眼看见袭击的人承受的压力更大。

正如美国心理学会在2016年所建议的，只有阅读足够的信息，才能

✓ 家庭小贴士

家长担心孩子在电子产品上花费太多时间，可能妨碍孩子的社会性发展。2011年，英国的一项研究发现了一些令人鼓舞的事实（见右图），并建议采取"平衡使用电子设备"。

3
父母和孩子要达成一致，即何时使用科技产品与何时关掉设备。

1
记下使用科技的方式，以便清楚了解自己的习惯。

4
给孩子树立好榜样。如果自己一直在看手机，就无法指望孩子不这么做。

2
想想科技产品摆放在哪里。电脑放在家中的公共区域，使用起来更方便，而不必在每个房间都放置电脑。

5
找到自我平衡，每个家庭都会有自己的舒适区域。

难道不能让孩子离开屏幕？

2011年，英国的研究给出了令人放心的统计数据：

65%

65%的成年人和儿童喜欢**面对面接触**。

43%

10～18岁的人往往打算采取措施，**限制自己对社交网站的使用**，年轻人的比例为43%，成年人为36%。

真正掌握信息，这才是较为明智的做法。太过痴迷追踪报道，往往弊大于利，而保持情绪健康和稳定永远是最重要的。

高风险

2017年，美国心理学会的一项压力调查发现，人们与社交媒体的关系每一代之间的差异都很大。人越年轻，运用社交媒体定义自己身份的情况就越多，从社交媒体的负面体验中感受到的压力也就越多，比如将攻击性形容为右和极右。年龄越大，我们就越不担心社交媒体对健康会带来负面影响。如果网络生活给自己带来了难以忍受的压力，那么就试着寻找或者重新与一些有意义的事物直接连接，以替代网络生活（见第44～45页）。

2011年，在剑桥大学的一项研究中，有三分之一的人感到自己被技术打败了。无论年轻人还是长者，在谈到压力时都认为科技让人喜忧参半，而适度与平衡可能是最好的选择。

> 我们要做技术的**主人**，而不应该成为它的仆人。
>
> **黛布拉·纳尔逊**
> （Debra Nelson）
> 研究美国工作压力的教授

🔍 怎么敢这样！

如果喜欢社交网站，你可能非常熟悉因被人斥责而感受到压力。你也许不得不承认，自己的攻击性有时远超自己的想象。2004年，美国心理学家约翰·苏勒（John Suler）在一项著名研究中指出这是"在线解禁效应"，它表现在6个方面。

1 **匿名性。**"我在网上的所作所为不能与真正的自己联系起来。"

2 **隐形性。**"没有人能看见我，也就不会对我做出评判。"

3 **交流不同步。**"这并非实时发生的，所以不必受其影响。"

4 **自以为是的心力投入。**"我看不见这些人，因此可以把他们假定为想象中的形象。"

5 **与现实分离的形象。**"这不是真实的世界，所以我不会给现实中的人带来真正的痛苦。"

6 **权威被弱化。**"没有人能阻止我。"

然而，网络上有一些真正带有敌意的粗鲁行为。要记住，一个完全陌生的人发表了一些冒犯性的个人言论，并不是向真正的你说的。如果你因冒犯性的评论而感到苦恼，请提醒自己，回复这些评论往往会使这些人变得更加无礼。而且，他们的评论说的是他们自己，而不是你。

ⓘ 小心网络攻击

被"操纵"令人倍感压力。2012年，美国的一项实验发现影响网络攻击的两个因素。

1 **匿名**会增强攻击性。

2 **受到攻击性评论的参与者**的反应比受到正面评价的参与者更具攻击性。

如果你在寻找一个友好的在线聊天场所，可以查看网站对身份开放的程度，以及以前帖子中的良好范例——它们是你寻找低压力环境的最佳指南。

数码戒毒

2017年，在美国心理学会的一项压力调查中，

65% 65%的人说**数码戒毒**对他们的心理健康是有帮助的。

28% ……但**只有28%**的人**真正采取措施**。

有证据表明，如果我们偶尔拔掉插头，就会感到压力减轻不少。因此，如果你想自己也应该这么做，就下定决心去做，这是值得的。

空中抛球

多任务压力

能够同时处理多个任务看起来更具优势，但人脑实际上并不能一次集中处理多个任务。如果一次只处理一个任务，就能更好地管理压力源。

多任务处理的危害

试图一次解决多个问题本身就具有压力性。正如加拿大裔美国神经学家丹尼尔·列维汀（Daniel Levitin）所指出的，这样做在大脑中会产生许多有害的化学反应。

- 增加应激激素皮质醇的产生（见第 20~21页）。
- 加速消耗大脑中的葡萄糖，导致能量降低，甚至失去知觉。
- 形成一个类似成瘾的反馈循环。遇到新的信息会释放奖赏神经递质多巴胺，导致我们越来越多地去寻找新奇事物，越来越难以集中精力。

如果我们为如何完成所有的事情而发愁，就很难把其他事情搁在

当你感到要被压垮的时候，就会不知不觉地想一次把所有问题都解决。然而，有研究表明，这种想法往往会让你的压力更大，效率也更低。因此，一次执行一项任务是最好的做法。

> 在大多数情况下，大脑根本**无法同时完成两个复杂任务。**
>
> 大卫·迈耶
> （David Meyer）
> 美国心理学教授

一边，专注做一件事。从生物学层面看，多任务导致压力上升和混乱，而且降低了效率。

把球扔掉

美国神经学家厄尔·米勒（Earl Miller）的研究团队为研究视觉刺激的影响，对受试者的大脑进行扫描。结果表明，从生理上说，人不可能同时专注于几件事情。

当试图处理多项任务时，我们不断地迅速将注意力从一项任务转移到另一项任务上。正如美国精神病学家爱德华·哈洛威尔（Edward Hallowell）所解释的那样，"因为每次忽略一项工作几毫秒，导致每项任务的工作质量都降低了"。这种转换成本意味着多任务处理实际上会降低我们的工作效率。

- 2010年，意大利的一项研究发现，那些参与多项任务的受试者工作效率较低，出错也较多。
- 2005年，英国的一项研究发现，多任务处理会使受试者的智商得分暂时下降15分，而他们自我报告的压力水平则会上升40%～100%。
- 2006年，美国的一项研究发现，即使我们在执行多项任务的同时吸收信息，那也不会变成一种可以举一反三的技能。在学习的同时还要留心韵律的受试者，很难将学到的新知识运用到其他环境中。

科学研究表明，当有很多事情要做时，每次只选择一项任务有助于更快地完成任务。然而，如果我们将一项脑力任务和一项"机械"的体力劳动结合起来看，在这种情况下多任务处理就是成功的，因为它们使用的是大脑的不同部分（见右下角）。例如，如果你打电话时尝试写电子邮件，不太可能处理好这两个问题，如果在叠衣服时打电话，大脑就不会承受任何压力。

积极的"多任务处理"

事实上，有种很小却积极的多任务处理方式。如果你感到很难集中精力，可以找点东西摆弄。现在的许多任务都是有压力的，部分原因是它们要求我们保持不自然的安静状态。最近有研究表明，运动实际上是激发思维的一个重要部分。2011年，一篇发表在英国《柳叶刀》杂志上的文章指出，涂鸦可以激活大脑中促进认知的神经网络，有助于集中注意力和减轻压力。2013年，美国的一项研究报告说，我们"无意识"地摆弄小物件——如回形针或压力球，有助于大脑调节压力带来的影响，比如无聊和犹豫不决。

总之，尝试完成压力很大的多项任务，很可能让自己感到压力更大。如果通过涂鸦或摆弄小物件来帮助自己集中注意力，或者将脑力工作与体力劳动结合起来，在这种情况下，可以视情况尽可能同时完成多项任务。

29%

2009年，英国的一项研究发现，在一项既安全又可以减轻压力的多任务处理方式实验中，在**记忆测试**方面，被允许涂鸦的受试者与没有**涂鸦**的受试者相比，得分要**高出29%**。

40%

2001年，一项发表在美国《实验心理学杂志》上的研究发现，当人们尝试处理多项任务时，**解决问题的速度会慢40%**。

Q 多任务处理中的大脑

大脑皮层通常处理更高层次的思维（如组织、计划和自我控制），而更多的常规任务（如梳头发），则由小脑来处理。为减轻大脑压力，让大脑的每个中心一次只执行一项任务。

成就大事需要两样东西：计划和紧迫的时间

伦纳德·伯恩斯坦（LEONARD BERNSTEIN），

作曲家和指挥家

镜子和反射

身体的问题

　　大众媒体文化宣扬的理想化的审美标准，几乎无人能及。因此，许多人只要看一眼自己的身体就会倍感压力，这一点也不奇怪。如何让自己更舒服呢？

在一个被媒体包围的世界里，到处充斥着"完美"的身体形象，人们觉得必须达到这样的标准，否则很难吸引人。不喜欢自己的外表实际上是心理不健康的表现。2009年，澳大利亚的一项研究发现，不够完美的外表是导致青少年抑郁的一个因素。与其节食或过度锻炼，倒不如先从改善自我形象开始，这才是明智之举。

设法处理好与媒体的接触

　　媒体会影响我们对自然形象的评价吗？答案似乎是肯定的。1998年，哈佛大学的一项著名研究对当时可以看到电视的斐济女孩进行了跟踪调查。尽管她们的文化传统以健壮的身材为美，但过了三年之后，74%的女孩认为自己太胖了。因身体而产生焦虑在到处注重形象的文化中早就开始了，美国全国饮食失调协会报告说，80%的10岁儿童害怕超重。人们

追求完美

1700万

　　追求视觉"完美"的压力究竟有多大？美国整形外科医师协会报告称，2016年美国进行了1700多万次整容手术。

的平均体重在增加，而专业模特却越来越瘦，人们对此毫无办法。据成瘾与饮食失调网站Rehabs.com报道，现在美国模特的体重比1975年的普通女性平均体重低8%，比2014年低25%。

随着媒体越来越关注男性身体形象，男性也因此开始感到压力。2012年，英国的一项研究发现，5名男子中有4人在谈论他们的外貌时存在焦虑感，许多人把责任完全归咎于媒体。2004年，美国的一项研究还发现，到处展示的男性理想化身体形象会让男人们感到愤怒和沮丧。

理性接受

人们很难完全避免媒体上宣传的理想化身体形象，但如果提醒自己没必要变成那样，压力可能就会减小。

2005年，美国的一项研究，对男性和女性受试者的身体形象进行探究，发现对自我形象不满意时，我们通常采用以下三种方式应对。

- **修复形象。**我们梦想自己看上去更好看，打算以某种方式改变自己的容貌，或者从别人那里寻求对自己外表的肯定。
- **逃避。**我们不照镜子，尽量不去想自己的外表。
- **积极理性接受。**接纳自己的外貌，因为我们知道外貌并不是最重要的。

在这三种应对方式中，前两种方式都会让人感觉更糟，而积极理性接受则会使人们完全对自己的身体和自我更有信心。为帮助你了解自己倾向于使用哪种应对方法，请做右边的自我评估测试题。

无论我们的身体形象如何，都要吃好，并且保持活力。健康饮食（见第158～161页）和适量运动（见第152～157页）对身体和精神都有好处。说到自我感觉良好，第一步是接受自己的身体，是否完美并不重要，无论身体形象看起来如何，我们都是有价值的个体。

饮食紊乱

严重的身体形象问题会导致饮食失调。如果担心自己的身体和食物的关系失控，最好还是寻求医疗帮助。

10%

2011年，据美国的一项研究估计，有1000万名男性和2000万名女性——几乎**占总人口的10%**——在生命中的某一时刻患有饮食紊乱症。

❓ 真正的自信

如果对自己的身体外表感觉不好，你通常怎么办呢？

A 考虑怎样才能让自己更有魅力。

B 避免照镜子。

C 提醒自己，看起来可能比现在感觉的要好。

A 做点事情让自己看起来更好。

B 吃慰藉食品。

C 认为自己品质好，与外表无关。

A 从别人那里寻求安慰。

B 竭力忽略自己的感觉。

C 告诉自己没什么大不了的。

结果：
答案A代表"修复形象"法。
答案B代表"逃避"法。
答案C代表"积极理性接受"法。

根据2005年的一项研究对"理性接受"的描述（见左边部分），积极理性接受是让我们能够获得较为良好感觉的最好方法。

恋爱中的安全感

压力和关系

你的爱情生活是平静与互相支持，还是充满了不安和冲突？我们都想过上幸福的家庭生活，因此了解压力如何影响我们的浪漫生活，将有助于建立一种更积极的关系。

谈到恋爱，压力会从两方面影响我们。恋爱本身就会让人有压力感，不仅如此，外部因素造成的压力也会影响到这种关系。恋爱成功的关键是处理好这两种关系，只有这样，你和伴侣才能让彼此感到安全。

多么依恋？

"依恋理论"是心理学关于人际关系最有影响的概念之一。它由英国心理学家约翰·鲍尔比（John Bowlby）在20世纪40年代提出，后来得到他的学生，美籍加拿大人玛丽·安斯沃思（Mary Ainsworth）进一步发展。该理论确定了三种主要的关系类型。

- **安全型**的人认为亲密关系是自然的，对此感到舒服。他们期望伴侣关心他们的需要，善待他们，他们也努力向伴侣提供同样的帮助。
- **焦虑型**的人想拥有亲密关系，但并不认为自己对此非常渴望，害怕拒绝，并且保持高度警惕。然而，一旦拥有一个令他们感到安全的伴侣，他们往往就会放松下来，变得充满深情和忠诚。
- **回避/不屑型**的人是"承诺恐惧症患者"，他们认为别人不值得信任，安全仅仅来自情感上的独立。在潜意识中，他们害怕被抛弃，倾向于通过向伴侣隐藏自己的感受来控制这种恐惧。因此，他们发出的信号是混乱的。
- **恐惧-回避型**的人（相当罕见的第

? 当焦虑型伴侣遇到回避型伴侣时

一直有心碎的感觉吗？也许你是焦虑依恋型的人，却选择了回避型的伴侣。焦虑/回避导致情感在高潮和低谷间剧烈起伏。对于一些焦虑型的人来说，这会导致他们把关系压力和激情联系起来，并且去寻找安全型的伴侣来让他们开心，这似乎看起来既无聊又不吸引人。对你来说，如果这种模式听起来很熟悉，尝试与你不同"类型"的人约会才是明智的选择。

回避型伴侣
因过于亲密的关系而感到压力——做点什么来创造一种距离感。

焦虑型伴侣
因被拒绝，开始惊慌失措——追求回避型伴侣。

回避型伴侣
进一步退出。

你愿意看关于描写人际关系的影视剧吗

焦虑型伴侣
因再次接近而感到无比快乐。

回避型伴侣
放松下来，并彼此靠近。

焦虑型伴侣
抑制内心恐惧，不再寻求亲密关系。

回避型伴侣
明确表示这是"我的方式"。

焦虑型伴侣
会变得非常痛苦。

四种类型）在过去通常经历过创伤，而且害怕被遗弃和设下圈套，结果导致彼此关系极其困难。

研究发现，焦虑型伴侣与回避型伴侣之间关系的压力往往最大（见上文），而与安全型伴侣的关系往往压力是最小的。焦虑型伴侣能够得到安全型伴侣的安抚，而且不会受到来自回避型伴侣的独立性的威胁。

一起面对压力

即使再好的关系也不会完全没有压力。2010年，美国的一项研究对30对夫妇的"皮质醇水平"进行了采样（见第20~21页）。三天之后，发现积极情绪对彼此不会造成太大影响，但如果一方的压力水平上升，其伴侣的压力水平也会随之上升。

2009年，美国的一组研究发现，当伴侣遭遇了与人际关系无关的压力时，也会对另一半带来很强的负面效应，这与他们的依恋方式无关。一对夫妻通常都有很好的沟通和解决冲突的能力，但在面临压力的情况下却很难运用它们。

一般来说，管理好自己的压力不仅会改善自己的生活，也会改善伴侣的生活。对此，我们将会在后面进一步讨论。

前两个

2015年，在一家美国银行进行的一项研究中，发现了**关系压力的前两大原因**。

35%

的夫妻间有与**金钱有关的担忧或冲突**。

25%

的夫妇说伴侣的一些**令人讨厌的习惯**确实影响到了他们。

❓ 保持积极心态

为什么有些夫妻长期承受压力，而另一些则不然？1995年，美国心理学家本杰明·卡尼（Benjamin Karney）和托马斯·布拉德伯里（Thomas Bradbury）提出了一个有用的模型，并且现在仍然被使用。该模型被称为婚姻的脆弱性–压力适应模型（Vulnerability–Stress Adaptation Model of Marriage）。卡尼和布拉德伯里认为，持久的关系与每个伴侣成功地使用"自适应过程"（人际关系技能）来帮助调节压力的影响有关。

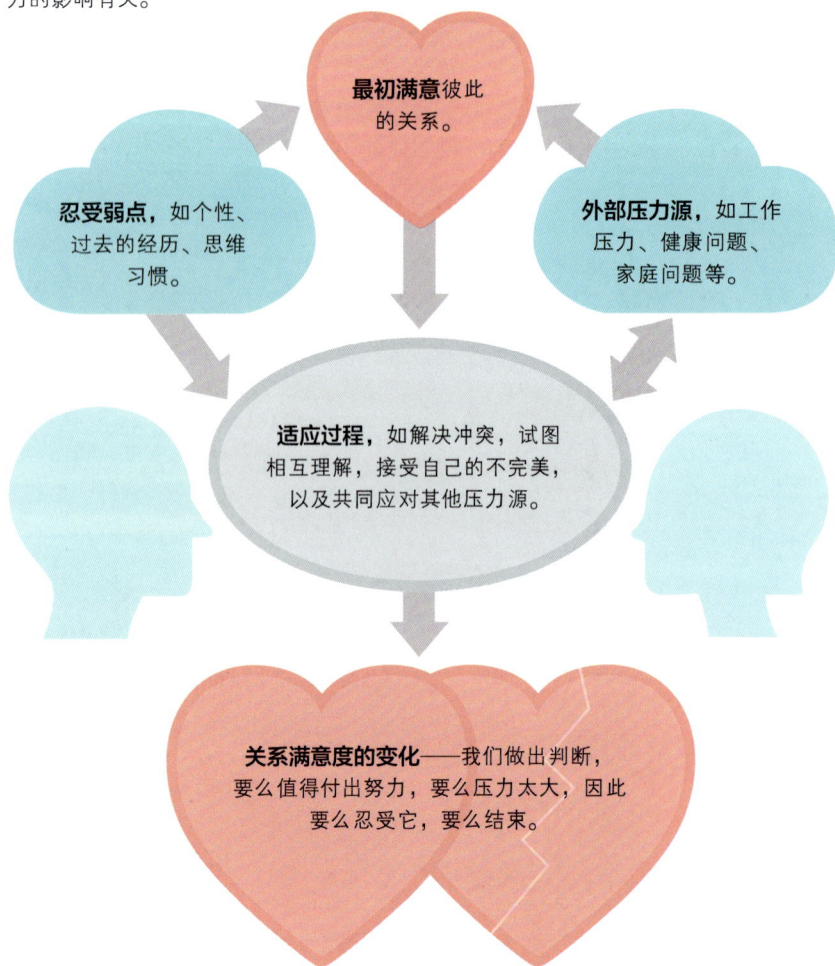

最初满意彼此的关系。

忍受弱点，如个性、过去的经历、思维习惯。

外部压力源，如工作压力、健康问题、家庭问题等。

适应过程，如解决冲突，试图相互理解，接受自己的不完美，以及共同应对其他压力源。

关系满意度的变化——我们做出判断，要么值得付出努力，要么压力太大，因此要么忍受它，要么结束。

每段关系都与接纳有关，没有人是完美的，我们要接纳伴侣的弱点和不足。我们在适应过程中所具备的能力，即人际关系技巧，决定双方是一起度过充满压力的时期，还是分手。

男人和女人处理人际关系压力的方式不同吗？有两项研究表明，传统女性要承担更多的情感责任，因而确实不同。

2006年，美国一项关于依恋类型的研究，要求夫妻双方反思他们的关系问题，然后测量其压力激素水平。回避型女性的压力激素水平最高，而拥有安全型伴侣的男性最低。研究结果表明，男性倾向于依靠伴侣来帮助他们控制情绪；如果让回避型女性扮演这种角色，会感到压力很大，而安全型女性却能够很好胜任。

2010年，美国的另一项研究表明，由于男性在家庭中拥有更大的权力，他们的情绪决定了婚姻基调。即使妻子们对婚姻感到满意，她们往往也能够去体会丈夫的压力——体现在皮质醇水平升高，但只有婚姻不幸福的丈夫才能体会妻子的痛苦。

一起面对压力

研究人员认为，男性情绪对女性伴侣的影响大于女性情绪对男性伴侣的影响，这在一定程度上是因为社会期望女性应该帮助男性控制情绪。男人往往会去寻找一个安全型伴侣，但也需要努力培养自身的压力处理能力。一个感受到亲密关系压力很大的女人则应该找一个冷静型伴侣。人际关系越平等，身处其中的每个人感受到的压力就越小。

最幸福的夫妻

如何建立非常稳固的夫妻关系，即使在压力大的时候也牢不可破呢？美国心理学家约翰·戈特曼（John Gottman）是人际关系领域最具影响力的研究人员，他给出下面几个关键的策略。

√ 熟悉伴侣的目标、抱负和压力源。

√ 培养对伴侣的喜爱和钦佩。

√ 当伴侣请你对两人关系"做出评价"，让你充满感情、温存或有趣味地说点什么时，这时请看着他。也就是说，请善意地给予肯定和回应，而不是忽视或置之不理。

√ 相互尊重，接受伴侣的影响。戈特曼指出，男人通常需要培养更多技能，而女人往往在这方面更擅长。

√ 在解决能够解决的问题时，做到礼貌交谈，缓和紧张的程度，互相安慰，并随时准备妥协。

√ 尊重伴侣的梦想，即使你不打算也那样。

√ 创造共同的目标和梦想（见第44～45页）。

戈特曼称那些能够实施好这些策略的人为"大师"，而那些做不到的人则很"不幸"。没有一对完美的伴侣，尤其是在压力下。如果我们能保持稳定和彼此支持的关系，即使在压力大的时候，也可以拥有爱。

⊙ 四骑士

美国心理学家、人际关系专家约翰·戈特曼将他描述的四种行为称为"启示录中的四骑士"——这些行为肯定会给你的伴侣带来很大压力，甚至可能在紧张的情况下导致关系破裂。下面这些行为要小心避免。

1 批评

有礼貌的抱怨是有效的（"我希望你能对我母亲更好一些"），但批评伴侣则是不对的。

2 轻视

嘲弄、讽刺、嘲笑、翻白眼，这些行为的后果是使人感到非常有压力。

3 防卫

如果伴侣产生了抱怨，而我们却表现得一点也不认真对待对他们的情绪，这是非常不好的。

4 沉默不语

你什么也不说，让伴侣自动停下来或改变声调，以此来告诉他"我生气了，就当你不存在"。

> 你真是个混蛋，怎么能那样跟我妈说话！

> 你又忘放麦片了？连最简单的事都记不住，是吗？

> 我知道，我没有打电话，可是你也不想想我有多忙。你为什么就不能多体谅我一点呢？

> 不管你说什么……

> 幸福婚姻建立在**深厚友谊**之上，我的意思是指相互**尊重**和**享受**彼此陪伴。
>
> **约翰·戈特曼**
> 美国心理治疗师、心理学教授

约瑟芬，今晚不行

性与亲密关系

　　和谐的性爱可以起到减压作用，但压力却让我们少了许多性感。任何长期关系都会有起起落落，但伴侣间如果无性阶段持续太久，或许就该一起努力解决这个问题了。

不幸的是，人的身体对压力和性的感受并不同步。当我们感到紧张或受到威胁时，交感神经系统会激发战斗或逃跑反应（见第20～21页），而由副交感神经系统控制的"休息与消化"反应，也被称为"喂养和繁殖"，使我们想要做爱。由于这两个系统对身体的作用是相反的，我们一次只能激活一个。这样的结果可能是，当你感到压力时，对性就没有心情了。

　　几个无性的夜晚不会造成伤害，但如果无性行为正在成为夫妻关系中的一种习惯，而且你也感到不开心，那么也许应该思考一下内在的原因了。

一些常见问题

　　压力对性生活的影响可能是复杂的。我们现在可能只是感到太紧张了，或者正在处理更长期的问题，包括以下几方面。

50%

　　据美国性治疗专家巴里·麦卡锡（Barry McCarthy）和艾米莉·麦卡锡（Emily McCarthy）估计，大约50%的夫妇在婚姻某个阶段会遇到**性的问题**。如果出现这样的情况，不必惊慌，因为这很常见，而且可以解决。

■ **感到不受欢迎**，一方或双方因压力而摄取食物导致体重增加（见第158~161页）。美国国家健康婚姻资源中心建议，在柔和的灯光下或黑暗的房间里，不论在无性还是有性的环境下都要互相恭维。他们进一步表示，通过改善饮食来解决问题，这对夫妻关系有益。不要给对方造成这样的感觉，减肥是以增加吸引力为条件的，因为这样只会伤害伴侣的自尊心。双方要一起自我改善，这样才能促进亲密关系，而不会感到孤独。

■ **抑郁。**压力与抑郁、焦虑和其他紊乱的情绪有很大相关性，而其反过来又会抑制性冲动。在这种情况下，无性反映了更严重的问题。因此，如果感到抑郁和不舒服，就去咨询医生。

■ **药物治疗。**有些药物，包括许多抗抑郁药，都会使性感觉变得迟钝。如果出现这样的问题，就找家庭医生换药。如果不能换药，就尝试压力小的身体亲密接触，如按摩、爱抚和其他令人感觉良好的行为，无论这些行为是否会导致性行为。

■ **感情疏远。**压力使关系变得艰难，如果彼此之间的关系总是处于紧张状态，就不太可能有爱恋的感觉。在这种情况下，首要是改善彼此关系（见第70~73页）。

✓ 打破无性循环

如果压力使你对性生活缺乏兴趣，持续一段时间之后，就会陷入恶性循环。

感到压力

回避性

缺乏兴趣和欲望

在这种情况下，美国婚姻顾问米歇尔·韦恩-戴维斯（Michele Weiner-Davis）建议，不要等到有兴趣才去做爱，因为欲望是可以在做爱开始之后培养出来的。我们很容易失去兴趣，但如果不再等待兴趣并开始做爱时，往往会发现我们的欲望又回来了。

减轻压力

表现焦虑通常与公开表达密切相关（见第114~115页），但也会影响我们的私密时刻。在表现焦虑压力下很难有性欲，那如何在性爱中放松呢？

心理学家兼性治疗师琳达·萨维奇（Linda Savage）向压力重重的恋人推荐了一种有用技巧，称其为"快乐范式"。这就是把快乐而不是性高潮

? 感觉不到爱

即使有性生活，压力也会让我们的性欲减退。美国国家健康婚姻资源中心建议，要意识到存在某些问题，并共同努力克服它们。

■ 总是一方主动吗？

■ 一方同意做爱，但似乎并不热心？

■ 一方享受性爱，但没有回报另一方太多？

■ 做爱之后，其中一方没有给出这是一种享受的特别暗示？

要让伴侣知道他们是被需要的。在亲密时刻，如果压力分散了你的注意力，那么采纳加拿大心理学家洛丽·布洛托（Lori Brotto）的建议，使用正念技巧（见第132~135页）让注意力回到自己的感觉，以及与伴侣的联系上。

作为性的目标，通过感官接触来达到这一点，而不要过于专注真正的性行为。

有时候，最好的解决办法是扩展我们对性的定义。激情和柔情并不仅限于简单的性爱行为，如果将与伴侣的任何身体接触的愉悦体验都视为性生活的一部分，我们就会很自然地享受更多的亲密关系，而不会增加压力。

为人父母的压力

创造平静的家园

　　为人父母是件好事，但毫无疑问也会带来压力。我们希望孩子感到平静和安全，但这个过程要先从确保自己平静下来开始。

没有什么比养育孩子更能带给我们快乐、痛苦和压力。正如作家伊丽莎白·斯通（Elizabeth Stone）所说，生孩子的决定就是"决定永远让你的心为你的孩子跳动"。精疲力竭的父母可能还会补充说，这也是一个让自己的时间、睡眠和精力服从另一个人需要的决定，因为孩子年纪尚幼，往往缺乏判断力。在如此大的压力下，无论为自己还是为孩子，父母如何应对呢？

孩子们都好吧？

　　孩子不仅需要父母的爱和支持，同样也需要父母培养他们懂得行为规范，这就要求父母理解孩子的情感。2012年，美国的一项研究表明，我们并不像自己想象的那样能够很好地理解我们的孩子。

　　研究人员对有年龄在4～11岁的"正常发育"的儿童的家庭进行了测试。所谓正常发育，即这些孩子没有健康或学习上的障碍。结果发现，父母一直低估孩子焦虑和紧张的程度，而高估他们的乐观程度，并往往认为

> 如果关心孩子，你就**好好关心他们的母亲**。
>
> **里克·汉森**
> （Rick Hanson）
> 美国神经学家

孩子的情绪与父母更相似，而实际情况并非如此。

这里给出的忠告是，在与孩子打交道时，必须记住下面两件事。

1 **孩子**是独立个体，与我们并不一样。

2 **孩子**实际上比看起来压力更大。

不要因孩子没有不当行为，或者不当行为是由顽皮或愤怒而不是焦虑引起的，就认为他情绪很好。要格外小心孩子的恐惧，如果他们的行为表现不好，要考虑他们是否有压力，而不是任性。

退一步

爱在家庭中至关重要，但有时爱会让你有挫败感。研究表明，那些对孩子有着最深同情心的父母可能不是最好的父母。

2014年，美国的一项研究发现，在同理心测试中得分高的母亲，在孩子哭泣时的生理反应也表现得最大。然而，具有高度同理心的母亲必须小心自己的脾气。有同情心的父母有时更容易在压力下诉诸严厉的管教（见右边部分）。接下来，我们将讨论如何控制压力和情绪。

✅ 控制脾气

当孩子们大吵大闹时，虽然你爱他们，却很难保持耐心吗？并非你一人这样。2013年，荷兰的一项研究发现，对孩子的哭声有强烈情绪反应的父母最有可能做出过度反应，使用严厉的惩戒手段。过度的情绪反应会引起令人遗憾的压力反应。

孩子表现出伤心

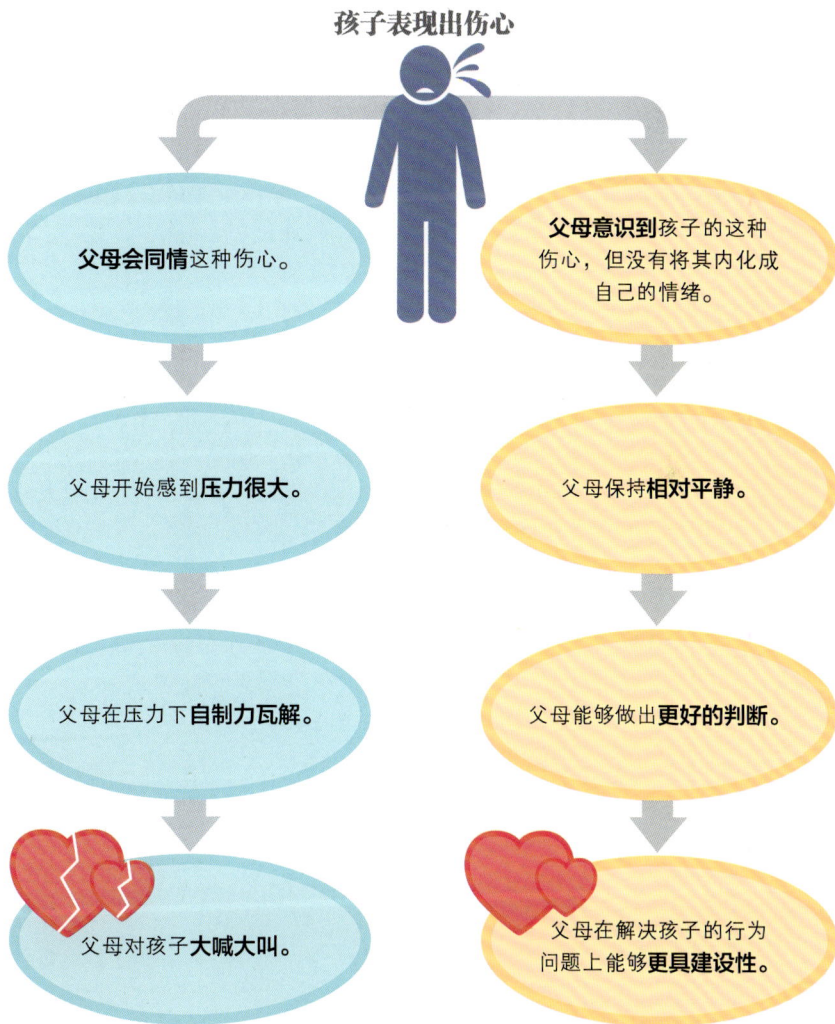

父母会同情这种伤心。

父母开始感到**压力很大**。

父母在压力下**自制力瓦解**。

父母对孩子**大喊大叫**。

父母意识到孩子的这种伤心，但没有将其内化成自己的情绪。

父母保持**相对平静**。

父母能够做出**更好的判断**。

父母在解决孩子的行为问题上能够**更具建设性**。

当我们以同理心去考虑孩子的感觉时，就丧失了教育孩子的能力。要记住，孩子不是你，我们要做的是帮助他们学会妥善处理困难的情绪，这一点很重要。

》》 树立榜样

设定适当的情感界限对父母和孩子都很重要。不要对孩子的痛苦反应过度，而是帮助他们控制自己的情绪，这是一种更有益、更有效的方法。父母不仅能够同情孩子，而且还能为他们营造更加平静的情绪氛围，这样才能使孩子受益匪浅。

尽量避免过度失眠

良好的睡眠使我们受益良多（见第162～165页），但带着年幼的孩子，做到这一点就不太可能了。正如美国心理学家和人类学家格温·德瓦尔（Gwen Dewar）所指出的那样，"对第二天不能正常工作的气愤、反复思考或担心，一点好处都没有"。即使你有机会睡个好觉，负面情绪也会使你入睡更加困难，而且更有可能使你对孩子感到烦躁。这样反过来又会影响孩子，使他们的睡眠问题变得更糟。

2010年，一项美国研究发现，幼儿睡得好的最佳方法是确保他们在就寝时间获得"有效的母性情感"，确保母亲（或父亲）能够给予他们充分的关注，并敏锐地感受他们的情绪，及时做出回应。当孩子让你无法睡觉时，无论对他们还是自己来说，最佳的解决办法就是要有足够的耐心，而且要接受这样一个事实，安顿他们需要很长时间。

为钱发愁？

身为父母的责任有时会让我们感到压力，但有时压力大，仅仅因为我们是父母而已。我们的身份导致的压

评估压力

拉扎勒斯模型（见第28页）是一个经典模型，它通过对环境进行建设性评估来帮助人们控制情绪。下次当孩子的行为耗尽你的耐心时，试试下面这些措施，看看是否有帮助。

压力催化剂 引起问题的事件		评估压力 如何看待这种情形	应对机制 你做出的决定	压力反应 你的反应如何
在超市结账时，孩子哭闹着要买一份不健康的零食。	**消极反应**	"他不听话，他完全知道我今天说过不要再吃甜食了！"	"得让他明白，我不能容忍他的这种行为。"	"小家伙，如果你不安静，麻烦就大了！" **效果：** 加剧冲突，让孩子感到不安。
	积极反应	"他又累又烦，这对他来说是个压力很大的环境。"	"我最好让他知道我理解他，但要提醒他我期望他如何做。"	"亲爱的，我知道这地方对你来说不好玩，请耐心点，回到家里我会给你做小点心。" **效果：** 既处理好冲突，又使孩子感受到你的支持。

力水平会影响到孩子，以及如何与他们相处。2015年，根据明尼苏达大学的一项调查，大量的研究证实，经历过经济困境的父母往往更有可能把孩子的不当行为看得很重。例如，如果孩子不把玩具收起来，就认为他故意惹人厌，而不只是因为忘记或分心。

这个调查报告也指出，只要父母对孩子表现出足够的爱心，并清楚知道孩子在生活中发生了什么，可以在很大程度上保护孩子免受贫穷的压力。这是一项较大的挑战。有证据表明，尽管你在担心要支付的账单，但如果能够对孩子始终保持耐心和温暖，孩子感受到的安全和支持与那些比较富裕的家庭的孩子就没有两样。

养育孩子并不容易，即使最有爱心和责任心的人也会觉得这是挑战。记住这一点，你应该为扮演好这一角色而感到自豪。没有一个家庭是完美的，而有了温暖和良好的应对技巧，父母和孩子作为一个家庭整体，就能更有效地应对压力。

🔍 最重要的两大要素

按照美国社会学家克里斯蒂娜·卡特（Christine Carter）的说法，下面是预判儿童是否幸福的两项最重要指标。

- 拥有足够的爱和情感。

- 拥有可以管理好个人压力水平的父母或看护者。

孩子们能感受到父母的情绪。如果你把一些时间和精力用于照顾自己，不要因此感到内疚，因为这同样会对孩子有所帮助。

✅ 成功照顾孩子

一个快乐的孩子通常拥有快乐的父母，确保让孩子感到安全，往往对你和孩子都有帮助。2006年，美国的有效育儿中心建议，为创造安全而又压力低的家庭氛围，父母可以使用下面这些策略。

√ **寻求良好的平衡**，既温暖又合理。

√ **可利用的**支持，并使孩子感到放心。

√ **帮助孩子**了解自己的压力迹象，如失眠、头痛、胃不适、情绪低落和易怒。

√ **听孩子说话**，进行开放式提问。比如："你觉得……怎么样？""这让你感觉如何？"

√ **不要过分保护**，孩子们需要学会有效管理压力。

√ **增强孩子的自信心**（见第42~43页）。

√ **教他们**如何应对批评（见第34~35页）。

√ **帮助他们学会**通过有效的时间管理来减轻压力（见第146~147页）。

√ **教他们解决问题**的技巧，帮助他们认知重建（见第26~29页、第52~53页）。

√ **确保孩子有充足的睡眠**、良好的营养、有规律的锻炼，以及参与有挑战的和积极的活动（见第174~175页）。

√ **教给孩子果断**（见第92~95页）。

√ **鼓励孩子有幽默感**（见第182~183页）。

√ **营造冷静、乐观和自信的情绪。**

工作场所
工作压力

工作是我们日常生活中最主要的压力源。谋生绝不轻松，我们必须找到应对压力的方法，以提高应对能力。

份具有挑战性的工作既有趣又刺激，但有些工作环境充满挑战性却不健康。压力因人而异，工作场所最常见的压力源包括以下这些。

- 要求高、乏味或烦人的工作。
- 对如何工作缺乏掌控能力。
- 期望不明确，导致不讨好的情形。
- 争斗、欺凌或不公平的环境。
- 工作努力却不被认可，晋升或发展的机会也很少。
- 不善于处理工作中的变化。

总之，我们不喜欢做那些让人觉得不值得做或令人沮丧的工作。随着时间推移，这种环境会让我们逐渐失望。

让你感到厌烦？

压力大的工作会对健康产生不良影响吗？应激激素皮质醇持续处于高水平状态是不健康的。但是，澳大利亚1997年的一项研究表明，工作压力并不一定会使我们的血压升高。研究人员发现，从事有压力的工作的员工可能容易患上高血压，前提是他们采用了"不适当"的应对策略。换句话说，那些通过喝酒、暴饮暴食、吸烟、吸毒，或者采用将自己与社会隔离等方式来应对压力的员工，患上高血压的概率增加。那些通过运动、使用放松技巧、运用以问题为中心的应对策略（如重新安排工作时间）或很好地利用社会支持的员工，则会保持良好的身体状况。与其说问题产生于工作中的压力，倒不如说是源于不健康的应对机制。如果采取健康的应对策略，身体就不会受到伤害。

应对策略

　　有些工作场所根本不可能继续待下去。例如，如果老板是一个恃强凌弱的家伙，那么静静地去找一份新工作可能是唯一的解决办法。当压力的主要来源是工作而不是人际关系时，医生和心理学家则相应推荐了下面几种策略。

1 **每天开始**用10分钟来计划，优先确定一组切实可行的目标（见第146～147页）。

2 **养成记录**一天压力情况的习惯。在压力日记中，记下在哪里发生的压力事件，以及情绪反应如何（见第40～41页）。找出今后要避免的情况，并完善健康的应对机制。

3 **"不工作"的时间**出现在日程安排中。预先做出安排，然后关掉手机，不要检查电子邮件，把工作抛在脑后（见第60～63页）。

4 **充分利用闲暇时光。**休年假，利用假期和周末让自己得到充分休息，以恢复精力（见第150～151页）。

5 **运用放松技巧，**比如运动（见第152～155页）、瑜伽（见第157页）和冥想（见第133页）。

6 **找到工作中的盟友。**主管工作的部分内容是确保员工的工作效率，所以要和员工谈论你的计划，使工作安排切实可行，创造出一个相对宽松的工作环境。

7 **获得支持，**请求健康与安全部门或人力资源部门确保工作场所安全和舒适。例如，远离无法容忍的喧哗或易于造成重复性压力的伤害，这样就可以减轻对身体健康的担忧。

8 **不要试图控制自己无法掌控的事物。**例如，公司结构和同事个性，这些往往超出自己所能控制的范围，所以不要为这些事情徒增烦恼（见第46～47页）。

9 **不要追求完美。**如果工作已经完成得够多了，就不要强迫自己去做更多的事情（见第34～35页）。

10 **发现事情有趣的一面。**从当下的处境中寻开心，有助于避免受制于处境（见第182～183页）。

11 **肯定积极的一面。**不妨重点关注能够让你看到事情光明一面的地方，如工作中令你感到自豪的方面、同事的优点等（见第180～181页）。

　　在工作中设定适当界限与个人生活中一样重要。要明白自己比你的工作更重要，在工作上花费适当的时间和精力是建立健康的"工作-生活"平衡关系的核心。

应付差事

　　当一项工作有压力时，自然就会有拖延的倾向。这种工作情形很显然就会出现问题。当面对日益增加的工作量，而最后期限又近在眼前时，拖延带来的结果往往是更大的压力。也许还没有等到完成这项工作，你和同事早已经陷入麻烦当中。我们怎样才能做到不拖延，直面任务和压力呢？

Q 三个 "E"

　　哈佛大学认知和教育学教授霍华德·加德纳（Howard Gardner）指出，以下三个方面构成"好工作"，并且让人感到工作更有意义，而不是压力。它们缺一不可。

工作出色（Excellence）
工作水平很高，自己感到很满意。

兴趣吸引（Engagement）
喜欢自己的工作。

道德准则（Ethics）
无论在工作领域还是工作团队中，都在做自己应该做的事情。

» 不要等到想做的时候才做

美国心理学家约瑟夫·法拉利（Joseph Ferrari）指出，如果没有"好心情"，我们容易迟迟不去开始工作。但是，这样做就犯了一个根本性错误。我们沉溺于一种错误信念当中，那就是希望以后突然会有更多想工作的情绪，但一切都没有改变——或者，如果有什么不同的话，唯一区别是工作变得更加紧迫，导致更多的压力，使我们更不想做这项工作了。

不要等到感觉工作易于处理的时候才做，即使缺乏积极性，最好也要先行动起来。美国精神病学家、认知行为治疗专家，以及畅销书《感觉良好：新情绪疗法》一书的作者大卫·D.伯恩斯（David D. Burns）观察到，一旦我们开始工作，通常就会发现一些动力，而且确实减轻了拖延带来的压力。

先解决最糟糕的压力源

有一个令人受益匪浅的古老谚语：如果你的一天从吃一只活青蛙开始，往往就会这样安慰自己——今天无论发生什么，都不会比这更糟糕

> **首先必须采取行动，动力随之出现。**
>
> 大卫·D.伯恩斯
> 美国精神病学家、认知行为治疗专家

了。如果你有一只"青蛙"要对付，那么就会从中感到压力，因为你不得不在某一时刻去对付它。但是，如果你的计划充分考虑到这一点的话，就从最令你害怕的事开始，不要让它一直成为心病。把它解决完后，其他压力源就不会那么令人畏惧了。

自我奖励

美国心理学家罗伯特·艾森伯格（Robert Eisenberger）提出了一种理论，他将其称为"后天习得的勤奋"。简单来说，如果我们把努力工作和得到奖赏联系起来，努力工作本身就让人感到比较有价值了，而且从中感受到的压力也比较小。如果你很幸运地拥有一个喜欢称赞你努力的雇主，或许已经从中体会到了这种好处。研究证实，表扬是一种充分的奖励，哪怕只给自己一点点奖励。2007年，美国的一项研究发现，奖励的最重要的要素应该是快速和可信的。如果完成了一项出色工作，决定为此奖励自己，那就遵守对自己的承诺。

✅ 巧干

美国顾问彼得·德鲁克（Peter Drucker）在20世纪80年代发明的一个缩略语至今仍为心理学家推崇，它可以帮助你设定可以管理的工作目标，不再心生畏惧。

S	明确的（Specific）	选择能够清晰表达的目标。（"S"也可以代表"简单的"或"合理的"）
M	可衡量的（Measurable）	有跟踪工作进展的方法。（有时被视为"有意义的"或"激励人的"）
A	可完成的（Achievable）	着眼于现实目标。（有时被理解为"商定的"或"可实现的"）
R	有意义的（Relevant）	结果必须是有用的。（也是"合理的""现实的""资源充足的"或"以结果为导向的"）
T	有时限的（Time bound）	设定一个完成任务的日期。

创造"控制"体验

2004年，加拿大心理学家富斯奇亚·西罗伊斯（Fuschia Sirois）的一项研究表明，如果人们认为自己工作效率不高，换句话说，不相信自己有胜任的能力（见第42~43页），就更容易犯拖延症。

提高自己对工作效率信心的最好方法，是想想工作之外的生活，建立一个你是成功者的记忆库，无论大小。这能够帮助你回忆起往事，回忆起曾经证明过自己的时光。过去的成功事实证明，当你下定决心做一件事的时候，就一定能做好。有了这些

认知，处理工作任务或许就没那么可怕了。

如果你觉得工作起来很困难，要明白并不是自己一个人有这样的感觉。2013年，美国心理学会的一项调查发现，只有36%的员工认为自己获得了足够的资源来帮助自己管理工作压力。有了良好的应对策略，再留出一些空闲时间，在管理压力方面就大有可为。

还有改进余地吗？

不幸的是，职场压力很常见。如果发现自己正处于压力之中，那么从你能够控制的方面入手，将压力带来的影响控制在一定范围内。因此，先看一下自己的工作习惯，然后制定相应的应对策略。

54%

2016年，美国进行的一项调查显示，54%的专业人士表示，上一年他们在实现**更好的"工作-生活"平衡**方面有了很大的改进。

58%

2017年，美国心理学会的年度压力报告发现，58%的受访者认为工作是生活中一个**非常重要的压力源**。

✓ 保持健康平衡

如何保持个人和职业之间的健康平衡，职场专家给出了以下建议。

留出没有干扰的时间，专注做真正重要的事情（见第146~147页）。

限制使用通信技术的时间。如果是在工作时间之外，而且不一定非要发送电子邮件不可，那就等到上班再做吧（见第60~63页）。

注意减少通勤时间。远程办公或弹性工作时间，可以帮助你避开交通高峰时段，并且大大减轻自己的压力（见第96~97页）。

提前做好时间计划，留出空闲时间。如果必须联系，仅在特定的、预先商定好的时间去做。

工作到身心俱疲

要懂得适可而止

在某一临界点上，工作压力超出了正常范围，这时压力就完全变得有害。自我照顾不只是为了工作得更愉快，有时候也是我们能够继续工作的必要因素。

结束一天的工作，感觉疲劳是正常的，但如果感到精疲力竭并总是厌恶工作，那该怎么办呢？或许你看上去很倦怠，如果这样的话，就该认真对待自己的健康问题了。

难道这不是正常压力？

职业倦怠与工作压力不同，它

> 职业倦怠几乎会影响任何职场人士，从顶级老板到普通员工。
>
> 菲尔·谢里丹
> （Phil Sheridan）
> 英国招聘专家

是到了压力无法控制的极限。如果很长时间持续处于压力太大状态的话，我们不仅会感到焦虑和工作负担过重，还会感到工作无法投入、麻木、愤世嫉俗和绝望，甚至对生活感到厌恶。

工作倦怠的临床症状与抑郁症非常相似（见第202～203页）。2013年，在《健康心理学杂志》上发表的一项法国研究表明，倦怠和抑郁的"症状重叠"很高，以至于把它们看作两种完全独立的病症是不科学的。

如果怀疑自己患有临床抑郁症，去咨询医生是明智的选择。如果还没有达到严重程度，但觉得对职业越来越感到倦怠，那该怎么办呢？

发现危险

现在有多危险呢？根据心理学家和职业专家的建议，给出了下面几大预警参考因素。

- 对工作**缺乏控制力**。
- 对工作的**期望混乱**，难以达到。
- **不健康的工作文化**，如跋扈的老板或卑鄙的同事。
- 与自己的价值观、技能、兴趣和个性**不相符的工作环境**。
- **令人不快的工作节奏**，要么非常无聊，要么非常忙碌。
- **工作时间过长**，几乎没有时间去恢复和建立"工作-生活"平衡。
- **身份认同感**与工作联系太紧密。
- 在要求感情投入很高的职业中工作，如保健、教学或神职人员。
- 在工作内外，都**缺乏支持你的人**。

职业倦怠区

根据荷兰专家阿诺德·贝克（Arnold Bakker）的说法，当被逼得太紧而获得帮助太少时，我们最有可能陷入职业倦怠当中。虽然有些工作更吸引人，但其要求一旦超过现有资源可承受的范围，就会削弱我们的动力，如下图所示。要了解你能得到多大支持，如果你觉得自己正在进入红色倦怠区域，就要优先考虑自我照顾。

■ **资源：** 由雇主提供的条件和经验，以帮助员工满足他们的要求。例如，良好的支持、有益的反馈，以及可以自由支配的时间。

■ **需求：** 如果我们负担过重，得不到充分支持的话，压力就会要求我们运用智慧和精力——体力、智力和情感，所有这一切都有压力。

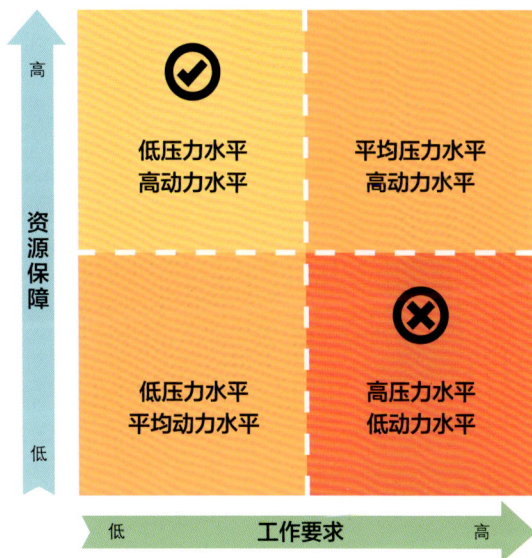

资源保障		
高	✔ 低压力水平 高动力水平	平均压力水平 高动力水平
低	低压力水平 平均动力水平	✖ 高压力水平 低动力水平
	低　　　　工作要求　　　　高	

预防职业倦怠

如果你觉得自己处于危险之中，最好面对现实，把压力管理作为当务之急。2014年，西班牙的一项研究发现，最有可能被耗尽精力的人是那些不愿意直面自己处境的人。

记住这一点，积极主动地生活下去。下面是一些有用建议。

√ **花时间与相互支持的同事在一起**，因为他们是你最了解和信任的人（见第176～179页）。

√ **每天有一段时间**，断开通过电子设备与他人保持的联系（见第60～63页）。

√ **不能久坐不动**，坐一小时要运动一次（见第152～157页）。

√ **在生活中留出时间**，让自己开心和玩乐（见第182～187页）。

√ **每天多寻一些开心事**，哪怕是一些小事，比如和同事聊天（见第80～83页）。

√ **和价值观一致的团体联系**，做觉得有价值的事（见第44～45页）。

如果压力让我们疲惫不堪，最终就会导致职业倦怠。这样，最好的长期策略就是优先照顾自己。

谁在挣扎？

注意危险。2013年，对英国主要公司的人力资源总监进行的调查显示：

1/3

大约三分之一的人挣扎在**职业倦怠**漩涡中。

2/3

三分之二的人认为**主要原因**是**工作量**太大。

1/2

超过半数的人认为加班或**长时间工作**是次要原因。

1/4

超过四分之一的人说，因为很难处理好工作与生活的平衡关系，他们和同事都在苦苦支撑。

生命不只是加速向前

圣雄甘地，

印度独立运动领袖

消费的压力

管好钱

缺钱让人很有压力，但一直记录消费情况也难以办到，特别是在一个诱使我们花钱的环境中。懂得一点心理学，有助于我们有效地使用资金，花钱也更理性。

为减轻财务压力，需要控制好日常开支。零售业投入巨资，研究哪些途径能有效地将钱从我们的口袋掏出去。美国消费心理学家吉特·亚罗（Kit Yarrow）举了一些例子。

- **将日用品放在商店后部**，这样消费者就必须途经一系列促销商品。

- **物品展示略显凌乱**，这样购物者就会更自在地挑选物品，一旦将一件东西拿在手里，往往就会购买。

- **播放音乐**，创造情感联想。响亮的音乐让人往往会抓起一件东西就走，而舒缓安静的音乐则会让人逗留的时间更长，想买更多东西。

如果打算购物，先列出购物清单，决心严格按照清单购物。如果在网上购物，小心"免费送货"的诱惑，这会使你不由自主地购买更多商品。提醒自己，点击鼠标就是在花钱。

"购物疗法"有效吗？

购买东西可能会给我们带来短暂刺激，但从长远来看，怎样的消费才能令我们感到幸福？2008年，加拿大的一项研究证实，把钱花在别人身上比花在自己身上令人感觉更好。2011年，加拿大的一项研究进一步说明，情感亲密是关键：宁愿为所爱的人慷慨花钱，也不愿意为一个从不信任的亲戚"义务"购买任何东西。

购物过程而非物品本身，不仅让我们待在家里感到不那么心烦，而且还能为我们减压。正如美国心理学家马修·基灵斯沃思（Matthew Killingsworth）在2010年所说，"漂泊的心灵是不快乐的"——当我们没有什么东西想要的时候，忧虑往往会重新浮现。购物可以成为缓解我们陷入紧张思虑的一道屏障。美国心理学家托马斯·吉洛维奇（Thomas Gilovich）发现，虽然购买东西的等待阶段令人沮丧，并且新鲜感往往逐渐消失，但等待度假、看戏或其他体验式消费会让我们产生一种愉快的期待，给我们留下温暖记忆。

奖励自己

养成记消费日记的习惯，可以帮助记录哪些购物行为增加了自己的压力，哪些让自己感觉良好。用奖励方式比用惩罚来鞭策自己带来的压力更小。所以，当你与诱惑斗争时，也要把自己没有购买的东西记录下来。

面额效应

人们通常不愿意直接花一张大钞，而愿意把它换成几张等值的小面额钞票。但是，一旦换成小面额钞票，人们通常会花得更多。

小贴士：为避免发生美国2009年的一项研究所提出的面额效应（或"管他呢"效应），建议随身带小面额钞票，用来购买小东西。

换成5张小面额纸币

10 → 花10英镑 → 10 → "最好把剩下的钱存起来。" → 存钱

5张10英镑纸币　还剩4张10英镑纸币

或者1张大面额纸币

50 → 花10英镑 → 5　0 → "好吧，现在换成零钱了。管他呢，我要买更多东西。" → 花钱

1张50英镑纸币　买点小东西，把面额50英镑的纸币换成零钱

享乐适应症

花钱越多，并不一定让我们感到越快乐。1971年，美国心理学家菲利普·布里克曼（Philip Brickman）和唐纳德·坎贝尔（Donald Campbell）提出了一种有影响力的理论，收入的增加逐渐成为一种"享乐适应症"。这是一种不停循环的对快乐的追求，让我们始终处于过度劳累状态，难有幸福感。

如果你目前生活俭朴，还可以接受的话，那么与通过加班挣更多的钱相比，你会从这种简单的生活方式和拥有更多闲暇时光中获得更多的快乐。如果获得加薪，并且决心维持当前的生活方式，而且可以为保障有一个安全的未来拥有更多储蓄的话，那么你可能更加快乐。

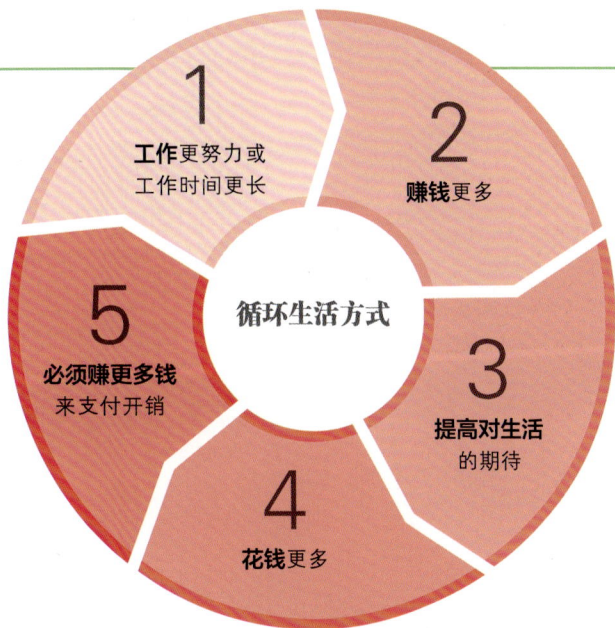

循环生活方式

1 工作更努力或工作时间更长
2 赚钱更多
3 提高对生活的期待
4 花钱更多
5 必须赚更多钱来支付开销

为钱发愁

未偿还的债务与不安全感

在当今的经济社会中，背负一定债务是普遍现象。根据2016年美国人口调查局和纽约联邦储备银行的数据，单就信用卡这一项来说，美国家庭的平均债务达1.6万美元以上。负债可能带来巨大压力，但还是有方法来解决。

经济压力的伤害？

承受经济压力可能真的很令人痛苦。下面是来自美国2016年的一项研究公布的报告。

- **家庭**中两个成年人都失业，他们在非处方止痛药上的花费要多出20%。
- **人们**被要求分别描述自己的经济不稳定或安全时期，然后再描述两种不同时期感受到的痛苦程度。据报告，描述金融不稳定时期感到的痛苦几乎是安全时期的两倍。
- **学生**对身体疼痛表现出更高的耐受性，如果他们阅读认为自己会进入一个稳定就业市场的内容。

共同关心的问题

62%

2017年，在美国心理学会的一项压力调查中，62%的美国人预计，金钱在接下来的几年中会成为一个**重要的压力源**。

我们生活在这样一个时代，许多人在为偿还债务而努力奋斗，更多的人为每月要付的账单发愁。当面临资金紧张时，合理的财务建议将有助于我们管理压力水平。

🔍 有内疚感?

NerdWallet综合研究2016年美国经济数据后发现,近年来生活成本的增长速度快于家庭收入中位数的增长速度。如果你已经采取措施减少开支,仍然发现自己处于负债状态,这并不能够证明自己无能,可能你正面临充满挑战的环境。正如美国心理学会在2017年的报告中指出的那样,"收入较低的美国人报告的压力水平更高"。因此,不要再让内疚加大自己的压力。

■ 我们报告的**痛苦程度**既与财务状况不佳有关,也与国家经济不稳定紧密相连。

2004年,一项美国研究还发现,关节炎患者在经济压力期间报告的健康问题明显增多。显然,对金钱的担忧是很普遍的现象。对一些人来说,这是一种长期压力,无论对身体还是心理健康都会产生影响。

如何管理?

如果你正在为债务问题苦苦挣扎,首要做的将是集中精力解决问题(见第26~29页)。

√ **制订计划。**你并不孤单。有些慈善机构会免费提供经过经济状况调查的债务咨询服务,一些信誉良好、收费低廉的公司可以协助你重组债务,

✅ 偿还多项债务

当我们同时有几笔欠款的时候,精打细算就显得很重要,尤其是在利率方面。2011年,美国的一项研究向人们展示了一种模拟债务状况,有多项债务,每项债务要求偿付的利息也不同,欠债的压力妨碍了债务人的判断力。

研究人员为身负多项债务的债务人确定了**最佳策略。**

1 设定每笔债务的最低偿付额,以避免支付额外的费用和罚金。

2 使用剩下的所有资金偿付利率最高的债务。

3 如果利率最高的债务全部偿清,还有剩余的钱,再来偿还利率第二高的债务。

4 一次只偿还一项债务,总是先偿还利率较高的。

然而,在这项研究中没有一位受试者遵循这一策略。他们把钱分散偿还债务,整体上支付了更高的利息,结果导致还欠着更多的钱。不要因债务造成的不安影响自己精打细算。先支付各项债务中可偿付的最低欠款,然后集中财力一次偿还一笔债务。

也可以利用当地社区提供的帮助。

√ **做好开支预算。**看看有无可以不买的东西,或购买便宜的必需品。如果不懂得如何监测支出,在网上搜索免费的预算应用程序。

√ **使用现金比用信用卡支付好。**使用现金支付一般不会超支,但要注意"面额效应"(见第89页)。

美国认知治疗研究所的罗伯特·莱希(Robert Leahy)建议不要将自尊与财务状况联系起来,尽可能享受有意义的人生体验,以此来缓解紧张的压力。如果我们能正确看待债务问题,就可以很好地管理债务,压力也因此可以减轻。

维护自己的利益

学习坚守底线

几乎没有什么比在面对别人要求而无法维护自身利益时压力更大了。提高自信将有助于你更好地管理自己的生活。

如果压力意味着无法满足生活对自己的要求，我们显然需要将这种要求保持在一个可控的水平上。但是，如果很难告诉别人，自己已经有很多事情要处理而不能再承担更多责任，那该怎么办呢？为避免这种情况发生，必须学会维护自己的利益。

对攻击的恐惧

有些人很难维护自己的利益，因为担心说"不"或"停止"，会使人联想到好斗的一面。然而，好斗和自信有重要区别。

- **好斗是一心想赢。**"失败者"的权利、感情和需要最后被践踏。
- **自信专注公平。**有主见的人会努力去理解别人，因为他人同样拥有自己的权利，只有在不可能或不合理的情况下，才会无视他人意愿。

如果对说"不"感到内疚，那就提醒自己，努力争取一个公平的结果并非好斗，这种做法是恰当的。

更令人信服

x8

如果拒绝别人的请求，一定要避免这样的暗示，即如果能做的话你就会这么做。2012年，美国的一项研究发现，人们往往对"我不"表述的接受度是**"我不能"的8倍。**

自知之明

你对别人的攻击性看上去远比你担心的小得多，特别是在想维护自己的利益而感到不适的时候。2014年，一项发表在《人格与社会心理学公报》上的研究发现，许多人认为自己过于咄咄逼人，而在同伴看来，他们表现得"恰当自信"。

当然，这并不一定意味着应该增强自信心。同样的研究发现，**64%**的过于自信的参与者认为自己表现恰当，甚至不够自信。向值得自己信赖的朋友或同事询问你给他们留下的印象，这或许才是明智之举。如果害怕自己显得咄咄逼人，考虑一下这种可能性，你可能恰好表现得很自信。

实践，实践，再实践

如果你认为在明确表达自己观点方面应该更好一些，如何提高呢？

- **从小事开始练习。**在低风险的问题

✅ 完美平衡

如果有人让你做一些自己不想做的事情（比如，让你取消计划，晚上帮助对方DIY），怎么才能分清不被人理解为太软弱或太敌对的界限呢？想想谁看起来会赢得这场讨论，而你希望以双方满意的方式结束。为保持低水平压力，最好观点明确地进行回应。

双 赢
例如： "对不起，我想帮忙，但今晚不行。"
结果往往是： 你划定了一个合理界限。

咄咄逼人
我赢–你输
例如： "你在开玩笑——今天晚上不可能！"
结果往往是： 你冒犯了别人，将来可能失去社交支持。

消 极
我输–你赢
例如： "好吧，如果你真的想让我……"
结果往往是： 你会感到不知所措、压力很大，可能还会愤怒。

被动攻击
双 输
例如： "我太累了，如果必须的话……不，我说过我会做的，所以我会去做。"
结果往往是： 他们不开心，你感到被忽视。

上明确表达自己的观点，这个过程就不那么令人紧张。

- **排练。** 在镜子前，或者和一个值得信赖的朋友一起排练如何设定界限，这样就会舒服地说出这些话（见右上方"好好说"部分）。
- **记住，** 你有权维护自己的利益。

明确表达观点是一种技能，这种技能可以随着实践不断发展和提高。随着时间推移，你会发现自己会越来越自在地说"不"。无论来自不舒服的、不想要的情况下的压力，还是担心面对这样的情况如何主张自己权利的压力，都不再困扰你了。

✅ 好好说

明确回应的关键是什么？

软弱的回应听起来好像只需要稍微费点口舌就可以将你搞定；强有力的回答应该是礼貌的，而且不可谈判。在设定界限时，要坚决有力地回应。

软弱
- ✕ 我不确定是否同意……
- ✕ 我真的要……
- ✕ 我宁肯不愿意……

有力
- √ 我理解你的观点，但我仍然认为……
- √ 我认为这很困难，让我们定个时间讨论其他选择。
- √ 我很感激你的提议，但这真的不是我喜欢的事情。

✅ 三步法说"不"

要挑战你不喜欢的行为，可以用三步的"我–陈述"法来表达自己的观点，而不要指责。

1 **描述**对方行为。

2 **描述**自己感受。

3 **提出要求**（礼貌而坚定）。

例如："当你拿我的口音开玩笑时，我感到很尴尬。请不要再取笑我了。"

大胆说

问自己想要什么

压力可能是由于必须解决太多需求而造成的，也可能是由于没有得到满足的需求引发的。学习如何清楚表达自己的需求，是维护幸福的关键技能。

面对拒绝或批评，能否自信地表达需求？在此情形下，自己的压力水平是否上升？一些自我训练可以帮助自己变得更自信，也更有效率。

挑战他人

对一些人来说，维护自己的利益是困难的。美国心理学家南多·佩洛西（Nando Pelusi）指出，我们在大部分社会交往中往往会考虑权力和地位因素，大多数人往往过于屈从。当我们要求得到想要的东西时，会让人觉得是在挑战某人地位，这样很冒险。佩洛西将其称为"尼安德特思维"，这是一种原始本能，通常不适用于现代社会。对此，他给出了以下一些建议。

- **承认**做自己认为正确的事情或要求得到自己想要的东西，可能令自己尴尬，先从心理上承认这一点，练习去忍受这种不舒服的感觉。
- **明确**表达自己的喜好。
- **做到文明礼貌**，通情达理，提的要求一定不要太过分。
- **接受**自己有权要求，他人也有权拒绝的观点。
- **要给自己**足够的时间去思考，尤其在被要求回答问题的时候。

职业技巧

2015年，埃及一项发表在《护理科学杂志》上的研究，详细阐述了自信训练对精神科护士的影响。该职业要求有能力平衡他人需要和自我需要的关系，而且在面对批评时保持冷静。下面列出了一些有用技巧。

■ 不论别人说什么，始终冷静地重复简单地拒绝。

■ 当出现不清楚或令人不舒服的情况时，要求对方提供更多信息。

■ 主张把愤怒的谈话推迟到各方都平静下来时再进行。

■ 如果受到建设性的批评，诚恳地承认自己的缺点和错误。

■ 面对敌意，找到对方批评中能够认同的一小部分，在进行肯定的同时，既不辩解也不承诺。

在这项研究中接受测试的护士，将这些方法运用到工作中，自尊心有了显著提高，压力水平也随之有所降低。

坚决维护自身利益有时很有挑战性，但通过练习可能变得更自信，更能让自己免受可以避免的压力的伤害。

害怕开始？

有时候，保持沉默比大声说话让人更有压力，但坚持自己的想法或要求，可能让人心生畏惧。把它当作一种可以习得的技能，然后尝试进行一些简单的、低风险的练习，让自己慢慢达到自然而然的状态。

♥	告诉朋友，你尊重他们所拥有的才能或美德。	"你为慈善事业马拉松一样奔走，真的令人印象深刻。"
✋	在酒吧或餐馆点餐时明确说出你的一些特殊小要求。	"加冰，不要柠檬。"
☺	如果你对陌生人有积极正面的看法（只要不是过于直接），不妨告诉他们。	"嘿，好漂亮的帽子！从哪儿买来的？"
？	在书店或图书馆，自信地表达自己的读书品位，并寻求建议。	"我喜欢惊险的历史小说。有什么可以推荐的吗？"
▨	如果同事做得很好，一定要给予评价。	"我认为你处理这个难题的方式真的很聪明！"
➡	如果特别欣赏某人的品位或技巧，那就去请求指点。	"我很想再听听你昨天演奏的音乐——从哪儿开始演奏好呢？"

通过描述你喜欢的东西，养成以一种低压力的方式来表达自己钦佩和愿望的习惯——这是自信地表达自己感受的好的开始。

能请你帮个忙吗？

2016年，在一项调查研究中，美国心理学家凡妮莎·博恩斯（Vanessa Bohns）让志愿者向陌生人询问是否可以借用手机。她想了解，如果要得到三个人的肯定答复，需要问多少人。结果表明，我们不用太胆小。

3/10

志愿者估计，他们需要询问10个人，才会有3个人答应借——换句话说，**拒绝率是70%**。

3/6

实际上，他们只问了6个人——**接受率为50%**。

别挤我

应对拥挤的空间

拥挤的车厢、狭窄的街区、开放式的办公室和繁忙的街道，我们经常和那些并非自己选择的人挤在一起，而这种接近可能令人紧张。

平静下来

为让自己感觉舒服一些，美国环境心理学家萨莉·奥古斯丁（Sally Augustin）建议我们不断调整允许他人接近的程度。她给了我们在生活中创造安静空间的几点建议。

- **走进大自然。** 即使城市花园、动物园和公园，也能帮我们恢复精神活力。
- **隔离工作空间。** 噪音会分散注意力，加剧紧张。如果可行的话，整理家具和植物，甚至桌上的物体，以减少声波干扰。
- **布置家居空间。** 平坦表面有放大声音的效果，而柔软物体有吸音作用。窗帘和地毯等都能使房间更安静。

抱歉，我要

2012年，美国的一项研究发现，为能够独坐公交车座椅而不被打扰，人们会采取各种策略。

无论你住在嘈杂的街道边，还是乘坐拥挤的公共汽车上下班，都会由于私人空间被侵犯而感到压力。我们不能完全控制自己所处的环境，但可以采取措施减少其带来的影响。

> **隐私**是人类最基本的需求。
>
> 萨莉·奥古斯丁
> 美国心理学家

过于亲密的关系

为什么拥挤会令人紧张？根据美国心理学教授罗伯特·费尔德曼（Robert Feldman）的说法，有三种解释。了解一下哪种对你适用，可以帮助自己找到解决方案。

问题是什么	找到解决问题的办法
感到压力过大 靠得太近，他人的声音、身上的热量和气味都比较具有侵扰性。当我们的感官不得不以我们无法控制的速度处理这么多信息时，就会感到压力过大。	一旦出现感官不堪重负的感觉，试着将自己封闭起来。闭上眼睛，戴上耳机听音乐，或者随身带一个散发香味的香囊。
需要保护 当有人靠得太近，我们会感受到来自对方的威胁。因为如果对方攻击我们，我们就会处于弱势地位。	如果感到紧张或恐慌，试着让呼吸平静下来（见第128～129页）。对于真正令人毛骨悚然的陌生人，最好回避。如果他们看上去不像具有潜在的危险性，那就集中注意力，让自己放松下来。
处理关系 我们宁愿与不熟悉的人保持一定距离，如果无法拥有私人空间，由此造成的过于亲近的关系会令人不舒服。	如果你感到与他人靠得太近，试试美国心理治疗师德布·埃尔金的"盾牌"技术（见右边部分）。创造性的游戏本身可以减轻压力。

被动策略

- 避免目光接触。
- 戴着耳机听音乐，假装没听见有人问旁边的座位是否有人。
- 假装睡着。

对抗性策略

- 将身体伸展开，占用更多空间。
- 把行李堆放在旁边座位上。
- 假装座位上已经有人。

这样做可能不道德，但研究发现，有时每个人都会这样做，与年龄、性别、种族或阶层无关。如果你疲惫不堪，需要一些平静空间，最好用温和、被动的方法。如果有人想坐在你旁边，就准备让位。如果有人要挑衅你，采用对抗手段可能适得其反。

我们不能总是与别人保持一定距离，但可以尽量将自己隔离起来，利用片刻安宁时光来平衡自己。

✅ 建立自己的盾牌

根据美国心理治疗师德布·埃尔金（Deb Elkin）的说法，我们可以通过在自己的身体周围建立一个假想盾牌，为不同情况想象出不同设计方案，来减轻因过度拥挤造成的压力。下次有人进入你的私人空间，就可以尝试建造自己的盾牌。

- 它是由闪闪发光的、厚厚的链甲和坚固的大理石制成的吗？
- 是又重又硬，还是又薄又灵活？
- 是贵金属还是坚固的铁？
- 有漂亮的装饰吗？
- 带有尖刺吗？

享受自己的创造力，感受设计盾牌的乐趣：它会让自己有更强的控制感。

绿地

久负盛名的自然疗法

对于那些生活在拥挤的都市和城镇里，或者在嘈杂的地方工作的人来说，日常环境可能就会让人感到压力。在树林里散步可以使人们暂别人群和噪音，得到片刻安宁。

20世纪70年代，美国宾夕法尼亚州的一家医院从手术后的病人中，获得了一个迄今仍很有名的发现：有些病房的病人心情更好，感受到的痛苦也更少，而且比其他病房的病人愈合得也更快。什么原因造成了这种差异？房间带有窗户，而且可以看到外面的树木，病人会感觉好得多。因为无论住在哪里，接触大自然都会对健康产生积极的影响。

亲近大自然

在大自然里漫步是一种温和的锻炼方式，对身心健康都有好处（见第152～155页）。研究表明，仅仅冥想一下大自然就很有益处。下面给出一些显著的例子，证明大自然有助于恢复健康。

- **心脏健康，**压力可能使其恶化，通过欣赏大自然可以得到改善。2015年，加拿大的一项研究发现，居住在绿树成荫的街道旁的城市居民，享受着相当于花费2万美元才能获得的健康提升的效果。
- **儿童受欺凌**或家境困难，会导致幸福感下降。这是2003年美国一项研究的发现。除非让他们生活在绿色环境中，才会继续茁壮成长。
- **患有乳腺癌的女性**每周在自然环境中待上两小时之后，她们的压力就会减轻，应对心理挑战的能力也提高了。这是2003年美国一项研究的发现。

🔍 大自然的声音

2013年，瑞典心理学家马蒂尔达·安纳斯特德（Matilda Annerstedt）对志愿者刻意进行了一次紧张的面试，然后让他们分别从以下三种环境里恢复过来：一间布置朴素的房间，一间四周墙壁投射寂静的"虚拟"森林的房间，或者带有自然声音的虚拟森林。结果显示，那些倾听声音的人的压力激素和心率恢复到正常的速度相对快得多。如果没法在树林里散步，闭上眼睛听一段"自然声音"的录音，也可能是个很好的选择。

舒心环境

20世纪80年代，日本开发出一种流行的压力疗法，引导人们在大自然里行走，称其为"森林浴"。2010年，在一个小型实验中，受试者在森林式环境中慢慢散步，生理上获得了一定益处，包括较低的皮质醇水平。如果正在承受压力，那么就去离你最近的森林、公园或花园走走。研究表明，这对减轻压力会有帮助。

同样在20世纪80年代，美国环境心理学家雷切尔·卡普兰（Rachel Kaplan）和斯蒂芬·卡普兰（Stephen Kaplan）进一步发展了"注意力恢复理论"。他们认为，城市环境给我们的注意力带来了持续的压力，因为我们必须保持警惕，不断把注意力在路灯、迎面而来的车辆和炫目的霓虹灯之间转换。自然环境可以被认为是闲适的，卡普兰称之为"软魅力"，它提供了补充能量的机会。

轻松参与

最近的研究进一步证实大自然对心理健康的益处具有长期性。2013年，在爱丁堡进行的一项研究中，对健康志愿者进行脑电图扫描，观察他们的脑电波。在城市行走的人的大脑表现出沮丧和压力，而在公园散步的人则表现出轻松投入的状态，类似冥想（见第132~135页）。

2015年，美国的一项研究又对这个方面进行了报道。该研究让没有精神疾病的志愿者在风景优美的草原或繁华街道上散步。只有在自然环境行走的人表现得沉思状态减少，这种状态多为沉溺于忧虑或挫折之中。众所周知，这会导致抑郁风险增加。

从神经学上说，无论为维持心理健康还是从过度刺激中恢复，在绿色空间里行走都能让大脑平静下来。

✅ 带着主题散步

2015年，发表在《整体护理杂志》上的一项美国研究发现，压力很大的成年人在观赏性花园里冥想，每次散步都在特定时间里冥想某种疗愈理念，幸福感显著得到提高。如果打算在公园里散步，就选择下面一个主题，进行冥想。

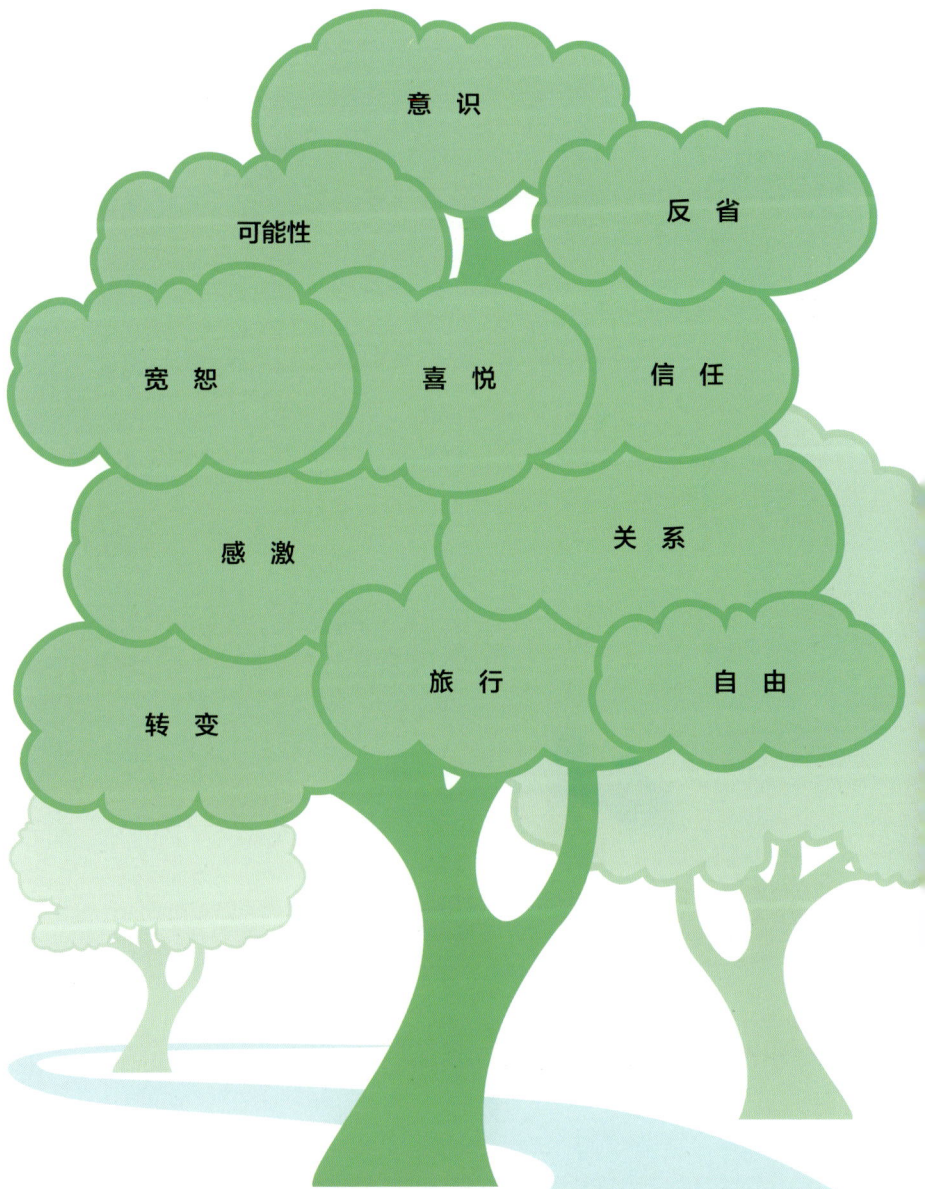

意识 反省 可能性 宽恕 喜悦 信任 感激 关系 旅行 自由 转变

音乐与寂静

聆听的疗效

研究得出一个结论，轻松的音乐有一种减压的效果。例如：2013年，加拿大对400项研究进行多重分析后证实，音乐不仅会降低压力水平，而且能够增强免疫系统。在手术前听音乐比处方药更能有效减少患者的焦虑。音乐是一种可以减压的强大工具，怎么才能让它为我们所用呢？

✓ 选择风格

哪种类型的音乐最令人放松呢？研究给出的证据表明，具有镇静作用的古典音乐是最好的。2004年的一项美国研究发现，听古典音乐的人比听爵士乐或流行乐的人更多；而2008年的一项美国研究发现，古典音乐胜过重金属音乐。无论如何，最好的选择是对自己最有效的。心理学家一致认为，只是通过控制你听到的东西就能起到减压作用。

如果你需要抚慰或分散自己的注意力，试一试音乐的效果。听一个悦耳的曲调，或享受一段真正安静的时光，也许是一种理想的缓解压力的方法。

> 只要听到音乐，就**不怕危险**了。我是无敌的，因为我看不到敌人。
>
> **亨利·大卫·梭罗**
> （**Henry David Thoreau**）
> 美国作家，1857年

✅ 加快节奏

　　2015年，根据一项德裔美国人的研究，有一个理想的放松节奏——或者更确切地说，是几个理想的节奏。为感到安全和放松，大脑每秒愿意处理复杂事物的量是有限的。音乐最令人舒缓的速度取决于节奏的复杂性。研究发现，最令人放松的节拍是下面这些。

- **简单节奏：**每分钟160.8次

- **中等复杂节奏：**每分钟126.0次

- **复杂节奏：**每分钟113.6次

　　就像研究中的受试者一样，你可能会本能地感受到这一点。但是，如果你想选择一些曲目来帮助自己缓解压力，那么就遵循这个有用的经验法则："韵律越复杂，速度就越慢。"

60%

　　2010年，一项印度研究发现，在进行高风险的比赛前，当运动员**置身舒缓的音乐**中时，应激激素**皮质醇**就下降了**60%**。

✅ 无声的力量

　　音乐使人平静，那么无声呢？有些研究发现某些类型的音乐更能让人平静。但是，2005年，意大利医生和业余音乐家卢西亚诺·贝尔纳迪（Luciano Bernardi）使用不同音乐风格进行测试，发现受试者在音乐停顿时的心率、血压和呼吸比在音乐之中更平静。因此，将音乐和无声两者进行对比，无声更能使人平静。

✅ 创作音乐

　　如果听音乐是一种放松，那么创作音乐又如何呢？经研究证实，音乐创作有显著的镇静作用。当你为寻求安慰、放松和快乐而创作音乐时，技巧就显得不那么重要了。在不带任何期望或压力的情况下，发挥自己在音乐上的创造性。美国神经学家巴里·比特曼（Barry Bittman）建议，与其尝试演奏一种具有挑战性的乐器或一首复杂的乐曲，倒不如在诸如数字键盘之类的可访问设备上玩自己的音乐——这样就可以放松下来，而且不用担心自己的表现。

✅ 一起唱歌

　　如果演奏乐器对你没有吸引力，但你喜欢唱歌，那就考虑加入唱诗班吧。2016年，英国的一项研究发现，唱诗班里的活跃成员的皮质醇水平较低，免疫系统更健康。加拿大2005年的一项研究还发现，不管经验或受训情况如何，人们都能从唱诗班中受益，尤其是在想让自己感到自在和轻松的时候。因此，去寻找一个互助群体，抛开一切烦恼，让自己过得愉快些。

🔍 为迎接压力做准备

　　当你面对一个压力很大的事件时，比如大型演讲、考试或比赛，音乐可以帮助你做好迎接挑战的准备。2013年，一项国际研究对60名志愿者进行了以下三种情况的压力水平测试：静静地休息，一边听流水的声音一边休息，以及一边听古典音乐一边休息。其中播放的古典音乐是阿莱格里（Allegri）的《米塞雷雷》（Miserere），一首著名的冥想合唱乐曲。随后，实验者对志愿者进行特里尔社会压力测试，让受试者为毫无同情心的法官执行具有挑战性的任务。这项测试对所有志愿者来说都是很有压力的，而那些之前听过音乐的人在测试后的压力水平比其他组的受试者下降得更快。

老人与压力

优雅地老去

我们可能希望随着年龄增长而变得成熟起来，但生活往往会不断带来压力，我们真的能够更加轻松吗？研究表明，你的观点可能会发生变化，而应对能力应该会保持稳定。

随着年龄增长，我们的身体面临着更多挑战，但智慧随着年龄在增长。我们在生活中培养出来的情感技能通常能够一直保持。实际上，有证据表明，随着年龄增长，我们的韧性也在增强。

保持思维

衰老影响大脑：40岁后，平均每十年大脑的重量减少5%左右。那么，这是否意味着随着年龄增长，人解决问题的能力也会下降呢？

2011年，加拿大《老龄化杂志》发布一项研究结果，研究者在20～90岁的志愿者中进行了关于应对方法的测试，结果令人欣慰。年龄较大的受试者在认知能力上确实表现出一定程度的下降——工作记忆和心智运作速度有点慢。然而，除非他们患有临床痴呆症，否则仍然可以运用以问题为中心的应对方式。年龄并没有成为限制应对能力的因素，他们同样拥有积极、有效的解决问题的能力。

11.5%

2016年，在一项关于退休的研究中，33%的受访者预计晚年会感到**孤独**，但8年后只有11.5%的人真正感到孤独。研究认为，改变对孤独的刻板成见，而以更**积极**的态度去对待它，这样就会降低老年孤独的风险。

2009年，巴西一项研究发现，老年受试者往往更多采用以问题为中心的应对方式，而非以情绪为中心的应对方式。他们往往更加努力去解决问题，而不是听天由命，虽然这两者在处理压力方面都是有效的。

压力减轻了吗？

1996年，美国老年学会的一项研究发现，老年人报告的压力源较少。他们通常在生活中很少遭遇剧变，他们所面临的压力源往往是慢性的，比如健康状况。面对这种状况，最好采取以情绪为中心的应对方式。与其报怨，不如秉持"既然是治不好的病，就忍受"的态度。

同样，老年人拥有更多的实践经验来管理生活，完全可以避免问题。研究表明，随着年龄增长，我们的恢复能力可能会变得更强。当有问题需要解决时，老年人可以像年轻人一样有效地运用自己的判断力。

✅ 老人的自我照顾

医生和心理学家一致认为，随着年龄增长，下面这些减轻压力的方法是有效的。

- **保持社会交往。**2014年，一项发表在《临床与诊断研究杂志》上的印度研究证实，孤独对老人来说是一种潜在的危险压力源。美国心理学家约翰·卡西奥坡（John Cacioppo）研究发现，良好的社会支持可以将早期死亡的风险降低一半。

- **找到新的生活目标。**一旦退休了，孩子们也离开家了，我们接下来该怎么办呢？每个人都会有不同的答案，参与政治、社区服务和良师益友，以及创造性的活动都**给我们提供了一种意义感，可以极大地减轻压力带来的负担（见第44~45页）。**

- **安排好独自生活。**你可能需要更多的帮助，提前制订计划，确保最大限度地使用交通工具，使自己尽可能地享受行动自由。

- **注意健康。**休闲运动、均衡饮食和一个好医生可以让自己更久保持健康和活力，并且可以降低压力水平。

- **如果你在照顾伴侣，**同时也要关心自己的需求，而且建立起一个稳固的支持网络。（见第104~105页）。

退休计划

美国社会学家罗伯特·阿奇利（Robert Atchley）创建的退休心理学理论很重要。他认为，退休是一个过程，而不是一个事件，生命的每个阶段都有相应的压力源。如果我们知道自己应该期待什么，在这个过程中感受到的压力就会相对小一些。因此，明智的做法是认真思考下面描述的各个阶段，做好退休准备。

阶 段	挑 战	降低压力策略
1. 退休前	■ 为有一个安全的未来做好安排。 ■ 从情感上与以前的生活做切割。	√ 获得良好的财务建议。 √ 制订值得期待的退休生活计划。 √ 设法与同事保持联系。
2. 退休	阿奇利发现了三个普遍存在的观点： ■ "度蜜月"的退休者把退休当作度假，并且玩得很开心。 ■ "立即例行公事"的退休者直接进入新常态。 ■ "休息和放松"的退休者把退休当作休息。	√ 不要超支，尤其当你可能要逐步习惯低收入生活的时候。 √ 请注意，这一阶段可能不会一直持续下去。
3. 觉醒	■ 无聊。 ■ 丧失了先前的身份。	√ 通过发展新的兴趣和成为社区一员来规划自己的未来。
4. 重新定位	■ 为未来的生活制订新计划。	√ 在做任何重大决定之前，都要仔细研究，比如搬到新城镇生活这种不可逆转的决定。
5. 日常退休生活	■ 适应新的生活作息。	√ 期望去处理一些日常的麻烦事。
6. 安排护理	■ 健康开始衰退。	√ 安排良好的医疗服务和支持网络。

永远在你身边

如何做一个强大的看护者

照顾那些由于慢性病或残疾而完全不能自理的人是常见的，而且常常是尽义务，没有报酬。2015年，估计英国有700万、美国有4350万名护理人员。如果你是一名护理人员，那就需要更多的技巧来管理自己的压力（见下页）。

关怀的压力

面对生理和情感方面的护理需求，人们都会感到压力。2009年，一组美国研究发现，患有自闭症的青少年和年轻人的母亲的皮质醇水平明显偏高。皮质醇是一种压力荷尔蒙，类似战斗的士兵。因此，护理他人是一项艰巨的工作。

许多护理人员有时会感到沮丧，这很正常，并不意味着你是一个糟糕的护理者。你要认识到，自己所做的一切不仅是工作，也是爱。2001年，美国全国家庭护理协会报告，在充分认识到自己的职责（而不仅是帮忙的家庭成员）后，90%的护理人员会更加积极主动地寻找所需资源和技能。

照顾一个人——不论他们是年老的亲人、生病的配偶，还是残疾的孩子，压力都很大。这是一种需要你具有很强组织能力和韧性的生活，但也不要忘记关心自己。

83%

英国家庭护理慈善协会报告，**83%的护理人员觉得自己承担的角色压力很大。**所以，如果你也有这样的感觉，不要感到内疚，因为你是大多数人中的一员。

✓ 我能做什么?

心理学家和心理健康慈善机构一致认为,以下几种方法有助于控制压力。

√ **成为一个受过训练的护理人员。**了解自己所爱的人的健康状况,以及可以利用的资源。

√ **交流情感。**朋友、家人和互助团体都会帮忙,尤其是他们见多识广,而且没有偏见。

√ **面对现实,**做你能做的事情,并设定适当界限。只要做力所能及的事,就会应对得更好。

√ **做事有条理。**使用时间表或计划来确定事情的优先次序,并记住照此办理,将重要信息存放在方便可见的地方。

√ **努力保持健康。**体力活动、良好的营养和充足睡眠都是必不可少的,护理人员一定要照顾好自己。

√ **尽可能让自己得到休息。**一些机构为看护人员提供急需的休息服务,要清楚知道哪些机构可供自己选择。

√ **运用放松技巧,**如冥想(第132~135页)和瑜伽(第156~157页)。这些对身心都有帮助,能够增强自己对情绪的控制力,并且减少挫折感。

? 发现迹象

你是否已经到了需要支持或喘息的地步?研究看护压力的专家建议,要留意以下几种迹象。

1 精疲力竭
"我太累了,无法处理这件事。"

2 失眠
"我睡不着觉!如果她神思恍惚,受伤怎么办?"

3 易怒
"走开,让我安静一会儿!"

4 拒绝接受
"我肯定她明年会好起来的。"

5 愤怒
"只要努力,你还能做得更好!"

6 焦虑
"未来会怎样呢?也许我无法应对。"

7 沮丧
"对我俩来说,生活似乎结束了。"

8 不合群
"我不想和朋友一起聚会。"

9 注意力和记忆力都很差
"哦,不,约会是昨天,不是吧?"

10 健康问题
"我似乎感染了每个正在传播的病菌。"

如果你是一名护理人员,而且对你来说,这些听起来都很熟悉,那就要考虑向医生或社区支持机构寻求帮助。

顺其自然

宽恕的力量

许多宗教劝告我们要学会宽恕。"宽恕心理学"研究了这一建议的好处：在适当情况下，而且经过深思熟虑之后，学会放手可以大大减轻压力。

为什么要原谅那些伤害我们的人？根据美国心理学会的说法，如果我们正确地运用宽恕的方法，将有助于精神和身体的健康。当无条件地给予时，宽恕会赋予我们力量，这或许能大大减轻压力。

宽恕计划

宽恕心理学领域的一个重大发展是"斯坦福宽恕计划"，它在本世纪初进行了一系列实验。研究发现，要使宽恕有益，你必须能够肯定回答这样的问题："你能否至少想象一下，你能够学会从不同角度去感受自己在这项研究中关注的问题？"如果你对自己所关心问题的回答是肯定的，那么试试下面这些步骤。

1 清楚地表达自己的感受，并解释在你看来什么是不可接受的。把这个信息告诉一两个自己信任的人。

2 答应原谅那个伤害你的人。要知道宽恕别人是让自己受益，而不是为了别人的利益。

3 要明白，原谅一个人并不意味着必须原谅其行为，或与其交朋友。

> 首先必须感到**愤怒**，然后才会去**宽恕**。
>
> **朱迪思·奥尔洛夫**
> （Judith Orloff）
> 美国心理学家

4 要认识到，你的痛苦主要源于现在的想法和感受，而不是已经过去的曾经受到的伤害。

5 当感到苦恼时，尝试使用一些简单的压力管理技巧，比如呼吸练习（见第128～129页）、渐进式肌肉放松疗法（见第130～131页），以及正念与冥想（见第132～135页）。

6 要接受别人的行为不在自己控制范围内的事实。"应该如何"中包含的无法遵守的规则会增加自己的压力，但你仍然可以怀抱希望，为美好的事物而努力。

7 确定积极的生活目标：你想要什么？你可以把浪费在糟糕体验上的时间和精力用来实现自己的目标。

8 记住，要生活得更好的信念能够帮助自己战胜伤害或失败。全身心地关注你在这个世界上看到的爱、善良和美丽。

✅ 正义是什么?

宽恕不能被迫,当你还没有准备好的时候,被迫去原谅只会增加自己的压力。2015年,美国报纸旨在扮演治疗师角色,为选择宽恕的客户提供帮助,并确定了一些重要规则。

1

宽恕需要从情感上努力。
仅说"我原谅",宽恕者的感觉往往不会更好。

2

宽恕并不是忘记。
尽管感到伤害的影响仍然存在,我们还是可能会原谅一个人,目的是更好地应对这种伤害。

3

宽恕并不意味着不追究责任。
你可以原谅一个人,但仍然要追究他的责任,比如举报不当行为或提出指控。

4

宽恕需要时间。
在没有做好准备前,不要急于尝试。

5

愤怒和怨恨是对伤害的健康反应。
宽恕的目的是越过它们,而愤怒和怨恨作为正常的、自然的起点应该受到正确对待。

9 改变观点。不要把自己视为受害者,而是把自己当作成功克服逆境并从中学习成长的胜利者。

这些做法已被证明有效,即使那些曾受过很深的人身伤害和深怀怨恨的人。2000年,一个关于在北爱尔兰教派暴力中失去亲人的天主教和新教妇女的研究发现,在首次学习这些技巧后六个月,她们的压力水平下降了50%。

无论过去还是现在的世界冲突都非常清楚地表明,强烈的报复只会加剧紧张局势。不难理解中国古代哲学家孔子的名言中包含类似这样的建议:"在你开始复仇之旅前,先挖好两个坟墓。"

宽恕并不容易,如果觉得根本不可能的话,就不要勉强去做。然而,如果你的愤怒和怨恨正在给自己带来痛苦,不妨一步步地尝试宽恕,这样可能让自己变得更强大和快乐。

表达谢意

感恩是如何减轻压力的

让我们在压力下依然心存感激，这可能违背常理，毕竟有更多的我们不能轻松处理的问题，这不像什么好事。然而，心理学家已经证实，培养感激意识——即使只为小事，也有助于减轻压力。

感觉更好

积极心理学研究了人的成长过程，发现感恩有助于减轻压力的有力证据。例如，2003年，美国积极心理学家罗伯特·埃蒙斯（Robert Emmons）发表了一项名为"细数恩惠与负担"的研究。研究人员要求受试者记录中性的生活事件、每天遇到的麻烦，或者令人感激的经历。那些记录了他们得到恩惠的人比其他两组人的幸福感更高。

研究表明，如果生活中的挑战让你不堪重负，历数曾经受到的恩惠，是维护幸福的好方法。

> 正是在**危机之下**，我们才能从**感恩**中受益最大。
>
> **罗伯特·埃蒙斯**
> 美国积极心理学家
> 和感恩专家

英国2008年的一项研究，对处于人生过渡时期的受试者进行跟踪，并监测了他们的情绪状态。表现出最高程度感激的受试者会感受到更大的社会支持，而压力和抑郁程度更低。这些积极影响与受试者的人格特质无关（见第30~31页）：心怀感恩降低了每个人的压力水平。

应对压力

感恩还有其他一些有助于降低压力水平的有益效果。

- **压力会扰乱睡眠**（见第162~165页）。英国2009年的一项研究发现，心怀感激的人睡得更好。
- **痛苦记忆是有压力的**，而美国2008年的一项研究发现，让受试者回忆一些不愉快的事情，并记录其中的感受，那些从中学到一些积极东西的人感觉更好，能够更好地继续前进（见第40~41页）。
- **关系问题可能带来压力**，而美国2011年的一项研究发现，曾经替合作伙伴向第三方表达感激的人，会很自在地表达关切，以及与合作伙伴保持联系（见第70~73页）。

综合而言，研究表明，经常感恩是非常好的控制压力水平的方法。

✓ 凡事需节制

当然，感恩并不是一种彻底的治疗方法。美国感恩心理学家艾米·戈登（Amie Gordon）为此进一步提出了一些警告。

- ✗ 不要总是强迫自己感恩（见右边内容）。
- ✗ 不要把自己的感激浪费在那些对你不好的人身上。
- ✗ 不要用感恩来解决所有需要解决的问题（见第140~141页）。
- ✗ 不要感激好运带给你成功，而忽视自我价值（见第42~43页）。
- ✗ 不要把感恩与亏欠混为一谈——你可以在不亏欠别人的情况下感激他。

总之，要欣赏生活中的美好事物，但不要忘记解决问题，为此设定合理界限，欣赏自己的努力。这些都是自我照顾的积极行为。

✎ 写感恩日记

心理学家和感恩研究人员建议我们记录感恩日记，以便在面对生活压力时保持幸福感。下面是一些关于写日记的建议。

1 **做好时间规划**。每天要记录的东西太多。事实上，美国感恩研究人员索尼娅·柳博米尔斯基（Sonja Lyubomirsky）发现，每周只写一件事，而且坚持6周的人感觉更快乐，每周写三篇文章的人却没有这种感觉。一周写一两篇就够了。

2 **有意识地做出决定**，使自己更懂得感恩。你越投入，你的日记就越能使自己受益。

3 **注重质量**，而不是数量。只注意一件事，详细写出感恩的原因，这比写几句关于很多事情的话更有效。

4 **对人的感激**胜过对事物的感激。

5 **注意那些令人惊喜的祝福**，这些给人留下的印象远远超出你的预期。

别忘了解决问题

对**人**的感激要胜过对事物的感激

CHAPTER 3
STRESS IN THE MOMENT
TROUBLE-SHOOTING TACTICS FOR SHORT-TERM STRESS

当下的压力

缓解短期压力的策略

转折点
改变带来的压力

当生活变糟时，人们会感受到压力，这不足为奇。令人惊讶的是，对有些人来说，向好的方向改变也会带来压力。这在很大程度上往往取决于我们认为自己应该拥有什么。

任何扰乱我们正常生活的变化，都会迫使我们对自己所处的实际环境或所持态度做出相应调整，这对我们来说很具有挑战性。如果我们认为自己无法迎接挑战，即使向好的方向改变也会带来压力。

自尊与压力

为了避免过大的压力，在大多数情况下，我们应该认可自己现有的生活。如果有良好的自我肯定，一般就会认为生活中发生好事情是大概率事件。如果自我肯定不够，很难相信人生应该有好运气。结果，当好运来临时，反而会成为一种压力。

2004年，在一项关于生活事件对健康影响的研究中，美国心理学家蒂莫西·斯图兰（Timothy Strauman）向他的学生提出了三个问题。

1 你认为自己是怎样的人?

2 你想成为怎样的人?

3 你认为自己应该是怎样的人?

然后，斯图兰测量了参与者的抗感染白细胞水平，该水平在慢性压力下通常会降低。一些学生对这三个问题的回答显示了明显的"自我差异"。例如，对问题 3 的回答是"我应该努力工作"，但对问题 1 的回答则是"我很懒惰"。研究结果显示，这些学生的白细胞水平都较低。自我差异引发的压力，破坏了他们的幸福感觉。

当你对问题 3 的回答是"我不会成功"时，实际上意味着与问题 1 的答案"我是成功的人"产生了差异，这和失败一样具有压力。那些自信并成功的学生都有良好的免疫能力，而自我肯定不足的成功学生，白细胞数量则较低。为了享受成功，你要相信自己是理应成功的人。

如何改进?

如果自我肯定不足，明智之举是努力改进（见第42~43页）。在短期内，可以采用以下行之有效的方法。

- **寻找**并培养更多能提供精神支柱的人际关系。
- **投入**精力到能彰显自我价值的人群和活动中。
- **从事**能表达自己感情的活动。
- **照顾好自己**，确保足够的睡眠、营养和娱乐。
- **回想**过去的经历，从中找出最佳的应对策略并实施。

建议你勇敢面对好日子，这似乎很奇怪，因为有时好运也是一种压力源。一旦你能够清楚自己是否处于风险之中，就能更好地应对压力，无论其是好是坏。

🔍 3C理论

根据美国心理学家和意志力学会创始人萨尔瓦多·马迪（Salvatore Maddi）的理论，面对以下三个方面，积极的态度有助于我们做出改变。

挑　战（Challenge）	坚　持（Commitment）	掌控力（Control）
接受生活会有压力的事实，并视改变为学习的机会。	即使面对压力，也不要躲避，继续参与。	避免消极态度，相信无论发生什么都能逢凶化吉。

健康的态度

如果我们认为自己不应该得到好运，成功或好运产生的压力足以压垮我们。1989年，美国心理学家乔纳森·布朗（Jonathan Brown）和凯文·麦吉尔（Kevin McGill）超过4个月持续跟踪了261个学生。这些学生回答了一份包含33个问题的问卷，结果显示：积极生活事件因个体自我肯定不同，产生的效果也不同。那些自我感觉良好的学生更加健康，那些自我感觉不佳的学生则经常生病。

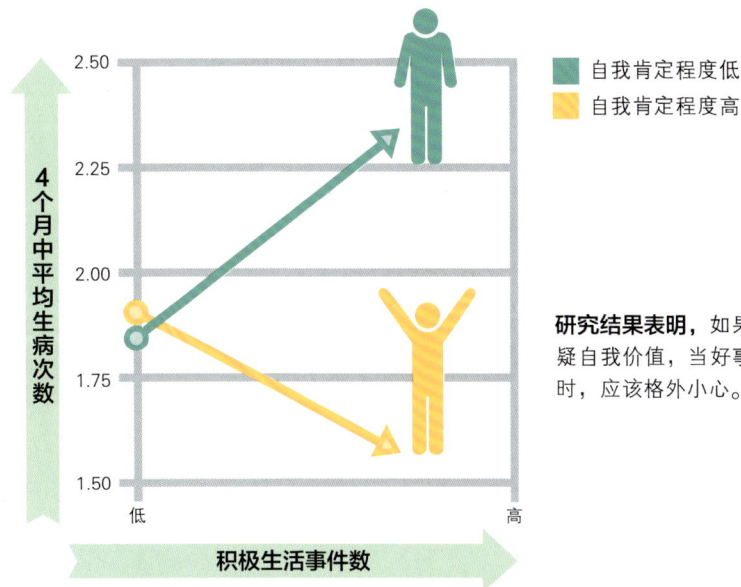

纵轴：4个月中平均生病次数（1.50, 1.75, 2.00, 2.25, 2.50）
横轴：积极生活事件数（低 → 高）

图例：
- 自我肯定程度低
- 自我肯定程度高

研究结果表明，如果你怀疑自我价值，当好事来临时，应该格外小心。

重要日子来临

应对表现焦虑问题

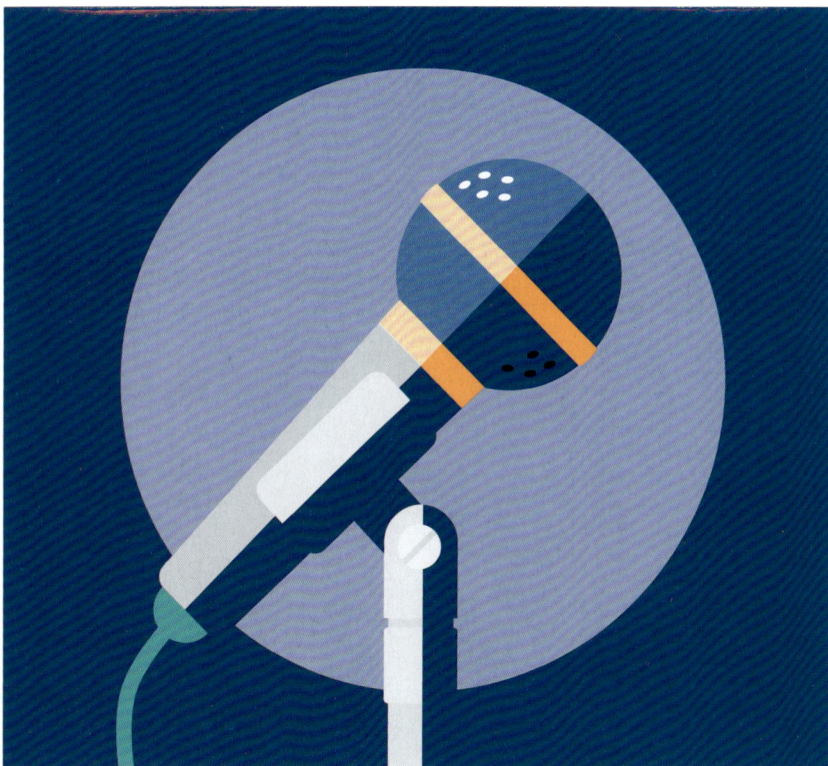

演讲产生的沮丧感，绝不是你个人独有的感觉。表现焦虑是一种极其常见的压力源，但它不应该成为我们实现目标的障碍。

很少有人在公开场合能够完全放松下来，难以克制的焦虑会有损表现。幸运的是，我们可以用一种有效的方法来放松神经，集中精力。

找到自己的平衡

20世纪70年代，美国体育心理学家罗伯特·奈德弗（Robert Nideffer）提出了"脑平衡"（centering）概念，后来被同行唐·格林（Don Greene）运用于研究表演艺术家。这一理论基于大脑作为两个半球独立运行，左脑和逻辑、语言、规划、判断有关，右脑则和声音、感觉、图像、情感有关。

当进行演讲或表演时，我们使用的是规划，即"左脑"思维方式，但灵感则需要具有创造性的"右脑"发挥作用。不幸的是，我们更具有想象力的"右脑"可能受到爱挑剔的"左脑"阻碍，这就会引发焦虑。那么，我们如何找到最佳平衡呢？

25%

2016年，根据查普曼大学（Chapman University）的调查，超过25%的美国人**害怕公开演讲**。

演讲前的准备

在演讲之前，请按照以下步骤做好准备。

1 **进行积极的自我对话。** 询问自己想要达到什么目标，把这个目标用鼓舞性的措辞表达出来。例如，不要说"我希望他们喜欢我的演讲"，而要说"我的演讲要力求清楚、有据，充满诚意"。

2 **在信任的人面前练习，** 不要使用"嗯""啊"之类语气词，以免分散注意力。

3 **默想一个场景**（如观众鼓掌）或短语（"要勇敢"），提醒自己已经做好充足准备，一切都会进展顺利。

4 **将演示文稿从头至尾可视化，** 这会帮助自己做好准备。

5 **当站在充满期待的人群前时，** 选择一个视线焦点。这个焦点应该稍低于视平线，看它的时候感觉很舒适。这样会减少分心。

6 **在开始演讲前深呼吸。** 人们在紧张时通常会屏住呼吸，这会加剧焦虑。

7 **使用积极的精神意向** 或鼓励性的语言。

8 **让练习时的情景再现：** 你已经完成过一次，再来一次也无妨。

表现恐惧与实际表现好坏没有必然联系。从圣雄甘地到休·格兰特，

✅ 自我支持

消极的自我对话只会让心情更糟，无助于缓解表现焦虑。检查一下你是如何与自己交谈的。如果过于消极，试着用更积极的心态重新组织语言。

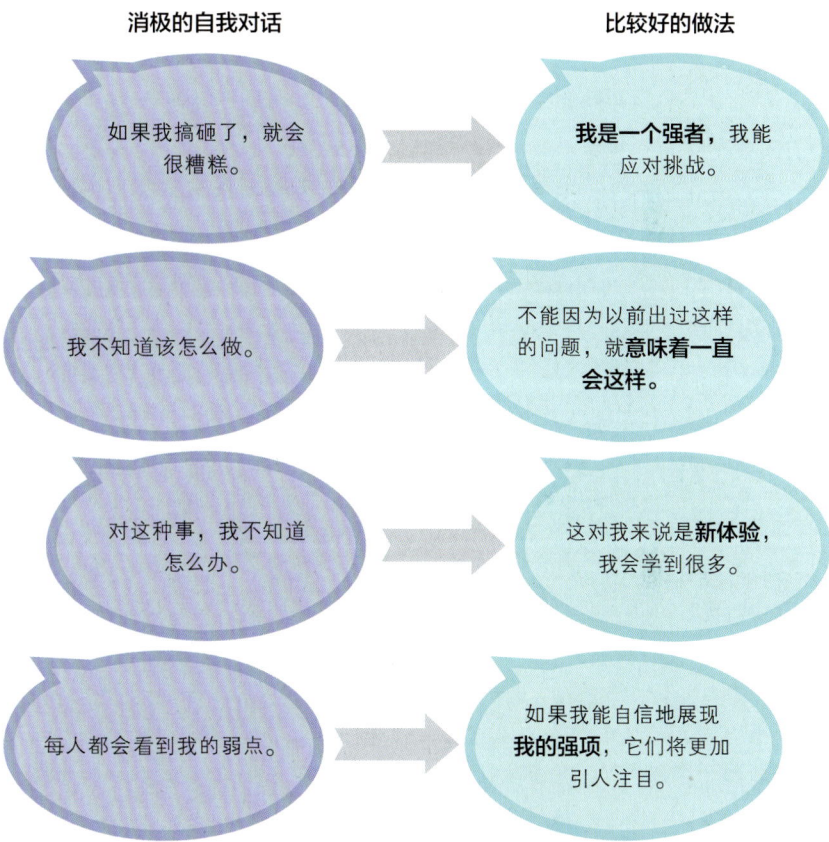

消极的自我对话	比较好的做法
如果我搞砸了，就会很糟糕。	**我是一个强者**，我能应对挑战。
我不知道该怎么做。	不能因为以前出过这样的问题，就**意味着一直会这样**。
对这种事，我不知道怎么办。	这对我来说是**新体验**，我会学到很多。
每人都会看到我的弱点。	如果我能自信地展现**我的强项**，它们将更加引人注目。

各行各业的伟人和天才都知道临场公开表现时会让人感到恐慌。表现焦虑并不意味着我们就会失败。通过练习和使用一些镇定技巧，你可以掌控焦虑，自信地展现自己。

🔍 写出来

2011年，美国心理学家让即将面临考试的学生记下他们对考试的想法和感受。结果显示，所有学生的考试成绩都有提高，尤其是那些最容易受考试压力影响的学生。写出来是释放表现焦虑的一个好方法。

与他人不和

管理冲突压力

没有人能够在没有争吵或冲突的情况下度过一生，大多数冲突都会带来重重压力。在面对分歧或敌意时，我们如何才能保持冷静和自信呢？

在理想世界里，我们都希望生活在没有争吵或利益冲突的环境中，但实际上并不可能。如果我们拥有自信，即使与别人发生争执，也能更好地管理压力。

🔍 客观表述

当我们与他人发生冲突时，管理压力水平的关键是不要自欺欺人。2015年，美国对一组人如何应对冲突进行了研究。那些表现出强烈自我意识的人，他们客观地意识到自己的缺点，比那些不具备这方面能力的人能够更加自如地处理压力。

真实性

研究表明，管理冲突压力的最佳工具之一是保持真实性。2006年，美国心理学家迈克尔·柯尼斯（Michael Kernis）和布赖恩·戈德曼（Brian Goldman）对真实性一词进行了定义。真实性在心理感觉上包括下面四个维度。

- **自我认知**。即个体对自己的思想、感觉、动机、个性和需求的了解与认可。
- **无偏处理**。不以防范的态度接受反馈和结果。
- **行为方式**。以自己的价值观和喜好行事。
- **关系定位**。诚实、自然地展现自己的缺点和美德。

如果我们能够保持很好的自我认知，别人的行为和评价带给自己的压力就会减轻。

坦诚

当出现分歧时，怎么来处理呢？1983年，美国艾伦·塞勒斯（Alan Sillars）领导的研究小组给出下面三个主要策略。

- **行动**。用充满敌意、施压和无礼的方式应对，以战求胜。
- **逃避**。间接沟通或被动接受，以降低分歧程度。
- **沟通**。坦诚说出你的想法，努力解决问题。

2010年，美国研究人员研究这三种方法，观察哪种会带来最大压力，

什么阻碍你沟通？

对大多数人来说，处理冲突需要的技能并非自然习得。2014年，美国的一项研究指出在压力下阻碍良好沟通的各种障碍，并给出了最佳解决方案。

沟通问题	解决方案	举 例
家庭、文化或组织的一些禁忌	公开承认禁忌。	"谈论这个话题，我感到有点尴尬，但……"
糟糕的冲突管理技能	求同存异，保持冷静。	"我们在气头上，让我们休息一下，冷静下来。"
难以理解别人	练习社交技巧，并抱有同情心	"我知道这对你来说不容易。"
无法摆脱过去冲突产生的感情问题	对自己的行为负责。	"我表现太过火了，我知道不该那样做。"
缺乏解决问题的技能	以更加合作的态度处理问题。	"我们都想有最好的结果，让我们找到一个解决方案。"
不自信	承认自己的缺陷，尽量客观面对问题。	"虽然听起来像是找借口，但我在努力。"
自我认知有限	征求可信者的意见。	"人们说我太咄咄逼人，你认为是这样吗？"

以及对健康产生负面影响。结果，所有受试者在发生争执后都感受到同样的不安并难以忘却，但这些不安对善于沟通的人不会产生不良的健康影响。

真诚沟通并试图解决冲突可能不会减小争论，但一定会降低遗憾带来的压力。即使我们先天具有合作性，冲突也是不可能完全避免的。保持个人真实性，将冲突视为要解决的问题，而不是要避免或赢得的战斗，这样可能使冲突压力降到最低。

🔍 自我决定理论

"真实性"概念出自20世纪80年代的自我决定理论学派，由美国心理学家爱德华·德西（Edward Deci）和理查德·莱恩（Richard Ryan）提出。该理论认为，所有人都有下面三种最强烈的需要。

自主。 渴望保持对生活过程的掌控。

才干。 渴望有能力和有效率。

人缘。 渴望与他人建立积极关系。

当其中任何一种需要受到威胁时，我们就会感到压力。因此，当与别人发生冲突，尤其是为争夺控制权发生冲突时，我们的能力受到质疑，此时关系（至少暂时）变成了敌对，因而感觉压力很大。自我认同感对维持身心健康至关重要。我们最好了解这些，即使不能控制别人的想法，也要让自己感到自在一些。

无法忍受

如何面对挫折

当需要处理一些无法克服的障碍或与不断妨碍我们的人打交道时，我们通常会感到紧张。我们可以通过锻炼提高对挫折的忍受能力，并以冷静的态度处理问题。

说到底，挫折是现实和预期之间落差带来的不适感。人的一生难免会多次产生这样的感觉。通过提高忍受能力，可以降低挫折对情绪的影响。

忍受挫折

生活中的困难带来的压力程度与我们的承受能力密切相关。关于提高承受力，英国心理学家和挫折应对专家尼尔·哈林顿（Neil Harrington）给出了以下建议。

- **冒险。**特意给自己创造一些紧张经历。例如，坐一次过山车，看一部恐怖电影。
- **在压力下坚持。**例如，坚持阅读一本枯燥的书，持续收听一个沉闷的访谈节目。
- **锻炼应对不适的能力。**在行走缓慢的队伍中锻炼耐心，或者戴一顶滑稽的帽子以抵抗对羞耻感的恐惧。

这些简单练习可以帮助我们了解自己对环境的适应力。通过学习这些技巧，我们应对挫折的能力会增强。我们会认识到不适只是暂时的，并非一场灾难。

忍受亲人

美国医生亚历克斯·里克曼（Alex Lickerman）观察到，最让我

> 无法忍受挫折是缺乏接受**预期**与**现实**之间落差的能力。
>
> **梅汉·基奥**
> （Meghan Keough）
> 美国心理学家

们有挫折感的是我们最亲近的人，伴侣、孩子或父母。频繁接触和对他们的厚望，使我们对他们的认知和实际情况之间产生了偏差。

里克曼建议，最好不再关注这些事，而是感恩（见第108～109页）。想象一下，现在正在让你烦恼的人突然不再出现在你的生活中，你会怀念他们吗？再想象一下没有他们的感觉，一时的压力往往会消散，或者至少能减轻。

没有人喜欢挫折，既然无法完全避免，减压的办法就是感知生活中的美好，并记住一定程度的不适并非世界末日。

❓ 你有多么容易受挫呢？

感到受挫是一种复杂的情绪，一定程度上取决于我们对挫折的感受。2005年，英国心理学家尼尔·哈林顿提出了"挫折不适量表"，用以衡量不同类型的挫折会对我们产生多大压力。看看下面的说法你同意多少，它们或许能够反应你的压力水平，并相应提供了最佳应对策略。

1
- 我无法忍受困难工作的缓慢进度。
- 我需要用最简单的方法来解决问题。
- 我无法忍受去做自己不想做的事。

2
- 我无法为了得到想要的东西去等待。
- 我无法忍受批评，尤其是知道不是自己过错的时候。
- 我不能忍受自己的付出被认为理所当然。

3
- 如果感到悲伤，我需要尽快摆脱这种感觉。
- 我无法忍受情绪失控的感觉。
- 如果事情不改变，我就不可能快乐了。

4
- 我不能降低我的标准，即使这会很方便。
- 我不能忍受无法发挥自己的潜能。
- 我不能忍受上交未完成或不完美的工作结果。

挫折类型	应对策略
1=无法忍受不舒适： 因日常琐事而产生的压力。	√ 培养坚持的能力（见第192～193页），可以帮助你在不舒适的情况下坚持下去。
2=没有得到应有的权利： 被剥夺快乐或必须忍受不公正待遇而产生的压力。	√ 用哲学思维面对生活中的不公平（见第124～125页），可以让你更能忍受挫折。
3=情绪上难以忍受： 难以应对情绪困扰产生的压力。	√ 正念练习（见第132～135页）可以提高你的应对技巧。
4=成就无法实现： 感觉无法达到目标而产生的压力。	√ 控制完美主义（见第34～35页）可以帮助你提高效率，降低挫折感。

当爱已成往事

分手或离婚

几乎每个人都有过心碎的体验，并深刻体会过这是多么悲惨的经历。当一段关系结束时，要好好善待自己，你会发现这样有助于更快地减轻伤痛。

离婚、分居和分手都是生活中令人悲伤的事情，爱此时已成往事。当关系结束时，我们必须经历痛苦的调整过程，这时要善待自己。你无疑会有压力，但肯定能够应对。

我能挺过来吗？

毫无疑问，一段感情结束会带来伤害。当面对这一切时，会有怎样的压力呢？2015年，美国的一项研究注意到一个明显的矛盾：一些研究指出，人们对于分手往往表现得相当坚定；另一些研究则认为，离婚和分居增加了我们酗酒、患有与压力有关的疾病和抑郁症的概率。

该报告的结论是，分手让大多数人感到沮丧，但多数会恢复过来。然而，15%～20%的人认为这种心痛的经历，足以严重到能够影响他们的幸福。

如何保持健康心态？

为确保自己属于80%～85%的能

> 大多数人在**心理上很有韧性**，离婚后也过得很好。
>
> **大卫·斯巴拉（David Sbarra）、凯伦·哈塞莫（Karen Hasselmo）和凯尔·布拉萨（Kyle Bourassa）**
> 美国心理学家

够很好处理分手的人之一，研究人员给出了以下建议。

- **尽量**不要纠缠于为什么会分手的问题。这无助于解决问题，只会提高自己的压力水平。

- **不要一直试图复合。**明白关系已经结束是困难的，但如果拒绝接受事实，就会让痛苦延长、有损自己的幸福（见第124～125页）。

- **重新构造自己的未来。**如果总是告诉自己没有伴侣的未来会很糟糕，或者永远找不到其他爱人，这只会让自己感觉更糟。我们应当把注意力放在让自己更积极的理由上（见第26～29页）。

- **重新审视自己，**尤其是在这一关系结束之后。对个人意义和自我价值的认知越清晰（见第42～43页），面对没有旧伴侣的未来就越不会恐惧。

- **充足睡眠。**为控制好情绪，你需要好好休息（见第162～165页）。

- **警惕心理健康问题。**如果你有抑郁症病史，分居压力会使它进一步恶化，所以一定要得到良好支持和治疗（见第202～203页、第208～209页）。

只要保持耐心和积极的态度，你将能够度过分手的最初压力期，并使生活进入新的常态。分手是痛苦的，但痛苦不会永远持续。

✅ 每个人都需要照顾

照顾孩子

父母分居和离婚会对孩子造成很大影响，所以要密切关注他们的情绪健康。

- **尤其重要的是，**不要表现出对旧伴侣的敌意。研究证实，父母之间互相轻视或攻击的家庭，孩子会感到严重的压力。尽量在孩子面前保持镇定。

- **不要让自己**受到负罪感的困扰。2016年，西班牙的一项研究指出，生活在父母发生严重冲突家庭的孩子，往往在父母分居后会过得更好。父母能为家庭做的最好的事，就是充满爱心地照顾孩子。

自我照顾

无论是否有需要你抚养的人，都要为未来做好准备。

- **自我同情**是帮自己渡过难关的好方法（见第38～39页）。无论在身体还是感情上，都不要让感情破裂的悲伤影响到自我照顾。

你还有新生活要继续，所以要把管理压力视为自己的责任，并给予自己和孩子关爱。

✅ 设法管理好自己的资源

2011年，以色列公布了一项研究，明确刚分手的人可以通过改善以下三种资源，帮助自己减压。

- **社会经济资源。**双方分手后财务负担会加重，但要尽可能独立。经济状况越稳定，就越有安全感。

- **认知资源。**对自己的状况能够做出合理描述，让自己感觉一切可以掌控（见第44～45页）。

- **情感资源。**得到的社会支持越多，就越有信心（见第176～179页）。

45%

如果婚姻结束了，不要有失败的感觉，因为很多人都有这样的经历。2011年，据美国人口调查局估计，40%～45%人的**第一次婚姻**以失败告终。

丧亲之后如何生活

如何对待丧亲之痛

　　即使最坚强的人也会因失去亲人而深感痛苦。我们无法避免丧亲带来的悲痛，而耐心和同情心可以帮助自己渡过难关。

心理学家将"丧亲"定义为我们所爱的人去世后的悲伤时期。哀悼所爱的人是一种正常的情感表露，而深深的悲痛却能把人压垮。这是一个充满压力的时期，对自己接受这个变化的过程要有足够的耐心，因为伤痛需要时间疗愈。

常见反应

　　虽然痛苦，但哀悼是有益健康的过程。悲伤治疗咨询师认为，人们可能有以下这些感受。

- **麻木**、震惊或怀疑，特别是在死亡突然发生时。
- **焦虑**。在失去所爱的人之后，自己的生活将如何继续？
- **悲痛和流泪**。情绪往往像波浪或爆炸一样出现，最初感到无法克制的痛苦，因思念亲人出现幻视和幻听也是正常的。
- 为所有不公平或因逝者离开而感到**愤怒**。
- 因**悲痛**而难以进行日常活动，觉得一切都没有意义，或者无法承受痛苦。

{

悲伤是我们为**爱**
付出的代价。

伊丽莎白二世女王
在"9·11"袭击受害者
纪念仪式上的讲话

}

要有耐心

哀悼没有什么正确或错误的方式，无论有何种情绪都不要责备自己，即使其似乎不合理或有损尊严。

有研究人员认为，如果在亲人亡故两年后仍然极度悲伤，你可能患有抑郁症，需要额外帮助（见第202～203页、第208～209页）。随着时间推移，多数人的痛苦逐渐减弱，会再次感受到生活的意义。

拥抱积极的情绪

当亲人亡故时，我们有时会为享受生活感到内疚。美国精神病学教授M.凯瑟琳·希尔（M. Katherine Shear）认为，"在这段时间里，积极的情绪是自然的，适当鼓励自己去感受这种情绪"。

哀痛是一个学习过程：我们会逐渐形成新的生活方式，而亲人缺席是可以接受的。在悲伤起伏之间（见下文）做自己喜欢的事情，不应有负罪感。如果能够感受到生活的意义并心怀感激，这将有助于减轻压力，所以要尽可能享受美好生活。

6～12个月

大多数研究表明，强烈的悲伤期**第一阶段**的压力通常在**6～12个月**后开始平息。

🔍 驾驭悲伤

加拿大精神病学家戴安娜·麦金托什（本书顾问）用"悲伤的海啸"来形容悲伤者的感情。丧亲之痛就像巨浪冲击着我们，在第一次撞击之后，悲痛往往出现在两次波浪之间——相对平静的时刻，汹涌的压力和悲伤不断袭来。这些浪潮在我们的余生可能一直持续——我们往往在周年纪念日和节假日特别难过。但是，随着时间推移，悲伤汹涌的次数减少了，撞击程度也不再那么剧烈，痛苦也就相应减轻。当悲痛的波浪袭来时，请记住，你一定可以安全度过，而且在风平浪静之时，依然会继续平静地生活。

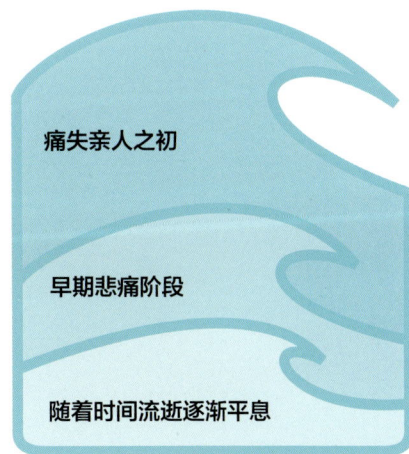

痛失亲人之初

早期悲痛阶段

随着时间流逝逐渐平息

🔍 哀悼过程

美国精神病学家M.凯瑟琳·希尔揭示，悲痛由最初的震惊发展到后来的低压力阶段是一个本能过程。在此期间，失去亲人的痛苦不再是毁灭性的，你会慢慢从一个阶段过渡到另一个阶段。

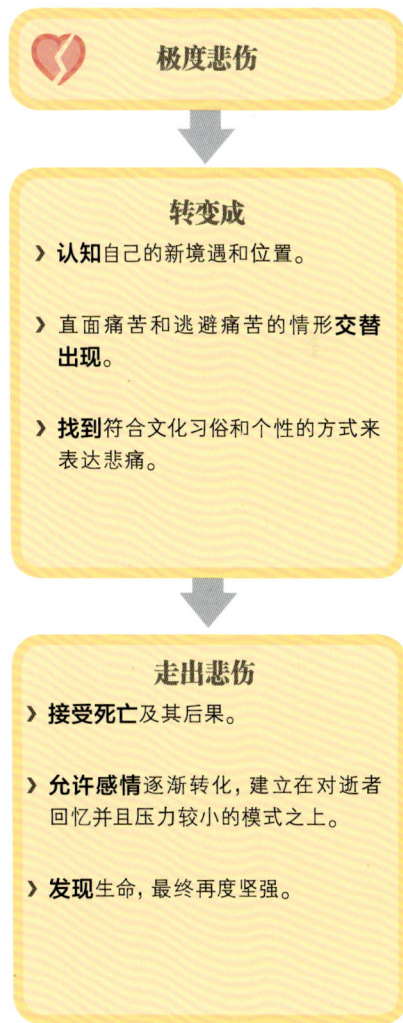

💔 极度悲伤

↓

转变成

> **认知**自己的新境遇和位置。

> 直面痛苦和逃避痛苦的情形**交替出现**。

> **找到**符合文化习俗和个性的方式来表达悲痛。

↓

走出悲伤

> **接受死亡**及其后果。

> **允许感情**逐渐转化，建立在对逝者回忆并且压力较小的模式之上。

> **发现**生命，最终再度坚强。

面对现实

接受并承认现实

在生活中，我们的压力如影随形。"接受和承诺疗法"是接纳现实的好方法，通过接纳现实，可以减少压力对自己的伤害。

错误认知可能使压力升高，比如将所有压力归结于自身，而非环境。如果认为压力是生活的一部分，全身心投入生活中，尽管有恐惧和挫折，我们仍会感到自己很强大。

接受和承诺疗法（ACT）

这一疗法由美国行为治疗师史蒂芬·海耶斯（Steven Hayes）在1986年创立，包括两个核心目标。

- **接受**无法改变的个人经历。压力可能让人感觉不适，试图控制难以驾驭的事情更是如此。
- **做出承诺**并采取行动，这反映了我们的价值观，尽管会有不适。

接受和承诺疗法共同创建者柯克·斯特罗萨赫尔（Kirk Strosahl）说，人们不断成长，是因为"通过实现个人价值使生活更加充实"。如果我们投身到有意义的生活和自我满足的实现当中，不去关注自己受到的压力，压力可能会自动减轻。

42%

减压

2011年，在瑞典对高压人群的研究中，临床数据表明接受和承诺疗法帮助**42%的人显著降低了压力水平**。

✅ 形象思维

接受和承诺疗法创建者史蒂芬·海耶斯经常借助隐喻来阐明处理压力的方法。

- **公交车乘客。**压力就像制造混乱的乘客，注意不要停下来和他们争论，而是继续朝着自己希望的生活方向行驶。

- **沙滩球。**就像把沙滩球压入水中一样，试图忽略压力问题，问题却像球一样会反弹回来。

- **小溪漂浮的叶子。**想象自己坐在小溪边，感觉压力就像树叶一样漂浮在水面上。让它们随意漂流，直至在视线中消失。

- **流沙。**越是挣扎着想摆脱悲伤的感觉，就越会让自己陷得更深。接受当下的情绪感受吧。

- **思维火车。**试着感受自己的情绪，想象一列火车正在驶过，每节车厢上都写着一个负面想法或感觉，不要登上这趟列车，只是看着它经过。

在处理压力时，试着想象以上画面，它们可以帮助你提高接受和控制自己情绪的能力。

🔍 接受压力

接受和承诺疗法区分了两种处理不适情绪的方式，并建议我们坚持接受不适的情绪。

- **接受不适的情绪。**当我们必须处理一个问题时可能会感到压力。这种情况具有挑战性，但属于正常和健康的状况。生活中总有问题需要解决，这种不适是不可避免的，我们需要接受它。

- **抗拒不适的情绪。**我们不愿意接受不适的情绪，并试图对抗它。在对抗过程中，这种不适情绪被迅速放大。如果不再试图回避它，我们就可以避免不适情绪带来的压力。

核心原则

如何做到接受和承诺？接受和承诺疗法推荐了自我帮助的六条主要策略，反过来又会降低我们的压力水平。

主要策略	概念解释	举例
认知脱离	注意你的想法，不要把它们当作客观真理（见第53页）。	并非"我是失败者"，而是"我有不安的想法"。
接纳	给情绪一些自由的空间，不要深陷其中。	"我现在真的很紧张。没关系，我会继续的。"
感受当下	形成正念意识。	"我可以观察自己的感情，却不去过度分析它。"
观察自我	这是持续的意识，而不是一时的感觉。	"我就是我，和压力无关。"
价值观	对你来说，世界上最重要的是什么？为此而活（见第44~45页）。	"我认为应该宽宏大量。即使心情不好，我也能宽容别人。"
承诺行动	设定有意义的目标，用行动来实现（见第192~193页）。	"不管是否有压力，我依然会去参加孩子的学校演出。"

你希望谁主宰你的生活——焦虑、沮丧、愤怒，还是你自己？

柯克·斯特罗萨赫尔，

心理学家，接受和承诺疗法共同创建者

吸气，呼气

呼吸控制疗法

在感到威胁时，呼吸加速是自然反应。在"战斗或逃跑"模式下，身体认为需要更多氧气，因此我们开始加速呼吸。然而，当实际上并不需要逃离时，快速呼吸会让我们感觉更糟，甚至引发急性焦虑（见第204~207页）。一些简单的呼吸练习（如右边内容所示）可以帮助你在压力下控制呼吸。

善待自己的身体

根据心理学家和呼吸道疾病学家的研究，浅呼吸实际上会让自己感到压力更大。然而，这是一个很容易养成的习惯。深呼吸需要放松腹部肌肉，这样可以让肺部完全膨胀。举个例子，如果我们想让肚子看起来平平的，必须控制腹肌，这就会影响我们的呼吸方式，从而增加压力。当你尝试下面的呼吸练习时，最好完全不要在意自己的样子，只关注空气进出肺部的运动。

当感到压力时，身体的反应是呼吸得更浅和更快。控制呼吸模式是降低压力水平的很好方法，并能够感觉可以控制得更多。

40%

2002年，根据一项比利时和加拿大的联合研究结果，我们**主动采取的呼吸模式**，即我们控制呼吸的方式，对我们的**情绪反应**起到**40%**的控制作用。

警告

如果你感觉身体极度紧张，处于恐慌边缘，尝试深呼吸可能是错误选择。焦虑发作会导致过度换气，意味着身体要排出过多的二氧化碳，造成头晕目眩。深呼吸会进一步降低体内二氧化碳水平，使我们感觉更糟。

2010年，美国心理学家艾丽西亚·缪瑞特（Alicia Meuret）研究开发了一项技术，用二氧化碳检测仪来测量受试者的呼吸频率，并帮助他们根据设备的反馈数据调整呼吸频率。她的研究发现，当试图避免恐慌时，人们会先做一些浅呼吸，然后慢慢地降低呼吸速度。

总之，如果你感到压力很大，试着慢慢深呼吸。但是，如果你感到惊慌失措，那就慢慢来，做一些浅呼吸。有了这些技巧，你的身心都会平静下来。

🔍 保持镇静

2006年，美国进行了一项研究，要求一组志愿者做15分钟的呼吸练习，有的焦虑、有的平静得没有任何特别想法、有的进行有意识的呼吸。然后，在国际情绪图片系统（International Affective Picture System）中选取令人愉悦、中性或令人不适的图片给志愿者看。结果那些一直在练习平静呼吸的人，在看到令人不适的图像时，感受到的痛苦程度要低得多。

🪷 呼吸练习

呼吸控制可以作为一般的冥想方法，也可以解决压力问题。如果你需要镇静，请尝试下面的练习，这是医生和心理学家经常推荐使用的方法。当有压力时，进行常规呼吸练习，你会发现很容易放松。

5 当深呼吸让你感到很舒服之后，继续做10~20分钟。吸气时，告诉自己正吸入平静与安宁；呼气时，告诉自己正呼出压力和紧张。

1 **舒服地坐下或躺着。** 如果有时间，进行渐进式肌肉放松练习（见第130~131页），以使身体完全放松下来。

2 **正常呼吸** 看看呼吸有多深。

3 **有意识地深呼吸，** 使腹腔扩张，再慢慢呼吸。

4 **如果感到有帮助，** 那就让深呼吸和浅呼吸交替一段时间，让身体了解深呼吸的感觉。

学会放松

渐进式肌肉放松法

压力对身体的主要影响之一就是产生肌肉紧张。面对短期威胁，这是一种健康反应，使我们容易进入战斗或逃跑（见第20~21页）模式。从长远来看，慢性肌肉紧张会导致头痛、背痛、抽筋、全身酸痛和失眠（见第162~165页），这会进一步增加我们的压力。如果肌肉在压力下收紧，渐进式肌肉放松疗法可能会有帮助。

日常护理

1929年，美国内科医生埃德蒙·雅各布森（Edmund Jacobson）博士创建了渐进式肌肉放松疗法，目前仍被用于治疗紧张和失眠。当代研究为渐进式肌肉放松疗法提供了大量证据。例如：马来西亚2011年的一项研究发现，渐进式肌肉放松疗法有助于安抚年轻的足球运动员。中国香港2006年进行的一项研究发现，渐进式肌肉放松疗法提高了心脏病患者的生活质量，而且有助于降低血压。美国1992年的一项研究发现，癫痫病患者在使用该疗法后发病率降低了29%。

压力会使我们身体紧张，并可能导致各种痛苦的身体症状。幸运的是，我们有一套良好的支持技术，可以帮助自己自如地应对日常生活，让自己感到更加轻松。

> 身体**放松**，焦虑便无处躲藏了。
>
> **埃德蒙·雅各布森**
> 美国内科医生、渐进式肌肉放松疗法创建者

渐进式肌肉放松疗法是一种快速轻松的身体和情感放松方式。典型做法用不了10分钟，如果时间充裕，你可以练习更长时间。当你感到紧张时，尽可能去做，即使时间很短，也有助于放松自己。白天任何时候做渐进式肌肉放松疗法都有帮助，而且还能改善睡眠。

🔍 看见威胁?

这个简笔画人物是朝你走来还是离去呢? 它是专门设计用于测试的图形，不同的人有不同的解读。焦虑的人往往很快判断是走向他们的，因为一个人走近更多意味着威胁。一项加拿大2014年的研究，要求人们在观察这个人物图形之前先做渐进式肌肉放松疗法。结果发现，他们观察图像人物向自己走来的想法显著减少，这说明渐进式肌肉放松疗法使他们不再那么害怕。

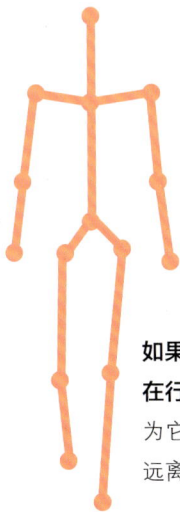

如果你观察这个正在行走的人，你认为它是走向你还是远离你?

✅ 渐进式肌肉放松疗法

如果我们习惯性紧张，就很难完全放松下来。渐进式肌肉放松疗法首先让肌肉群收紧，然后放松，这创造了更大的释放感。如果受伤了，你要先问医生是否适合继续练习。练习渐进式肌肉放松疗法应该坐下来，这样可以让自己放松。如果不介意打瞌睡的话，你也可以躺下练习。

肌肉放松练习

▸ 肌肉收紧，吸气。
▸ 保持5~10秒钟。
▸ 肌肉放松，呼气。
▸ 休息10~20秒钟。
▸ 重复练习身体每个部位。

收紧和放松身体每个部位，在下一个部位练习前稍停一下，这样可以放松肌肉，让自己感觉更加平静和舒服。

从脚部开始放松，逐步往上，最后使全身放松下来。

1 **从一只脚开始，**紧紧弯曲脚趾绷紧肌肉，然后再放松。

2 **移至小腿:** 将脚趾向上往里钩，使小腿肌肉拉紧，然后放松。

3 **拉紧大腿肌肉，**像拉紧脚和小腿肌肉，然后放松。

4 **重复上面三个动作，**练习另一条腿。

5 **一只手握拳，**然后放松。

6 **拉紧手臂肌肉，**握紧拳头，保持"二头肌收缩"，然后放松。

7 **重复以上两个动作，**练习另一只手臂。

8 **收紧臀部，**然后放松。

9 **收紧腹部，**然后放松。

10 **深呼吸，**收紧胸部，然后放松。

11 **向上收肩**至耳部，然后放松。

12 **张大嘴巴，**然后放松。

13 **紧闭眼睛，**然后放松。

14 **高高扬起眉毛，**然后放松。

花点时间

正念和冥想

19 79年，美国医学教授乔恩·卡巴特-辛恩（Jon Kabat-Zinn）在马萨诸塞州大学医学院建立了正念减压诊所。自此以后，"正念"已经成为重要的研究领域，在减轻焦虑、心理适应和生理疼痛控制等不同领域有着很好的应用。将一些正念技巧融入生活中，是控制压力的有效方法。

正念的益处

正念是什么？简单地说，这是一种对自己感受和经验的非判断意识的形式。

2004年，美国和加拿大的一项联合研究认为，正念的主要益处在于以下几个方面。

- **持久的注意力**使你在当下时刻集中注意力，这有助于让人冷静和集中思维。
- **排除干扰。** 在冥想时，大脑不可避

几个世纪以来，"正念"一直是佛教等传统宗教的一部分。近几十年来，西方科学也在不断对其进行研究，并取得了显著的积极成果。

> 正念就是清醒**认识**到自己的存在，认清**当下**正在发生的事情。
>
> **克里斯托弗·格尔默**
> （**Christopher Germer**）
> 美国心理学家和心理治疗师

免地会游离。训练自己观察所发生的这一切，然后将注意力重新转向冥想。这为你学习将思想从一个主题切换到另一个主题提供了很好的实践机会。当你需要摆脱焦虑循环时，这是很有帮助的（见第48～49页）。

- **观察自己的想法。**正念意识会让你更好地关注自己的想法，这意味着即使你不在冥想，也能更好地识别和应对那些困扰你的事（见第52～53页）。

- **用好奇而非敌对的态度看待自己的情绪。**这有助于减轻某些压力，因为你不会再有因压力本身而产生的更多复合性压力。

结合以上几个方面可知，正念可以提高人们的管控力，让人们对自己的感受有更好的洞察力，所有这些都有助于管理压力。2015年，英国的综合分析研究也指出，正念对降低压力反应特别有用，即你可以体验到不被放大的压力。

接下来，我们将讨论冥想时所持的最好态度。在少数情况下，冥想会产生一种叫作"松弛诱发的焦虑"状态。如果冥想让你感到焦虑，那就试着缩短一些时间。如果仍然觉得不舒服，可以尝试一种更加注重身体放松的方式，如渐进式肌肉放松疗法（见第130～131页），或做一些舒缓的运动（见第152～155页）。

基本的正念练习

像大多数其他方法一样，如果你想练习正念，最核心的练习是简单的呼吸冥想。在日常生活中，找一段不会被打扰的时间，安静平和地练习。

1 **找一个舒适的地方盘腿坐下。**不要躺下，因为你需要保持警觉。背挺直，但要放松，闭上眼睛。

2 **让自己保持平静。**周围会有声音，体内会有感觉，脑子里会飘过一些想法。让它们发生，不要想忽视它们，也不要继续思考，就让它们自然地来来去去。

3 **将注意力集中在呼吸上。**感受吸气和呼气，以及呼吸产生的感觉和节奏。

4 **如果走神了，**不用担心，经常会出现这样的情况。静静地让注意力重新回到呼吸上，持续5～10分钟。如果你喜欢，可以进行更长的时间，然后慢慢让注意力放松，睁开眼睛。

即使定期做一次简短的正念练习，只要经常做，也可以让你变得更冷静、更了解自己的感觉和环境。除正念本身以外，不要有其他目标，不要强迫自己做到所谓"正确"：只是去享受，让一切顺其自然。经常做冥想练习，可以大大提高你的压力管理技巧。

✅ 正念的态度

美国马萨诸塞州大学医学、保健和社会部门的正念中心强调了做好正念练习的7个重要方面。

4

自 信

你比任何老师或专家都更了解自己的感受：
听从自己的直觉，做你自己。

1

不做评判

以公正的旁观者态度看待正念练习。

5

不纠结

"我很紧张，现在我要放松"，这样的想法会产生
你"应该"达到什么状态的压力。让一切事情自然
发生是更有效的办法。

2

耐 心

注意力可能会分散，情绪也可能会波动。
不要指望每次都能做得"正确"。

6

接 受

客观对待事情，即使"事情本身"并非让你完全
满意。如果发现身上有自己不喜欢的地方，不要等到
改掉之后才开始喜欢自己。

3

全新的心态

如果期待每次冥想都有相同结果，可能会使你在练习时
分心。每次感受正念时都要像第一次经历一样。

7

放 手

不要执着于某些心态而排斥其他方面：它们都是人生
体验的一部分。让它们自然地来，自然地去。

通过采用这些开放和接受的态度，你可以在正念练习中尽
可能放松，并从中受益。

Q 不舒服？

压力会对人体带来诸多有害影响，其中之一会使免疫系统能力下降。令人欣喜的是，正念可以帮助解决这个问题。2003年，美国的一项研究测试了近期接种过流感疫苗的受试者——他们的免疫系统此时正面临挑战。研究发现，此前八周内练习冥想的人明显表现出更强的免疫力。如果压力使你免疫力下降，正念练习可能会帮助你免受疾病感染。

➤➤ 正确态度

马萨诸塞州大学医学院医学、保健和社会部门正念中心，是由乔恩·卡巴特-辛恩创立的一个领先的正念治疗中心。研究表明，为从正念练习中获得最大益处，开始你可以有一些怀疑，但终究要用开放的态度来接纳它。假如你从开始就持否定态度，结果也会因此受到影响。但是，如果认为正念可以神奇地治愈所有疾病，那可能会让你失望。只要做到对将要发生的事情感兴趣，接受正念是可以

✓ STOP压力

你是否想将正念融入忙碌的生活中？美国心理学家伊莱沙·戈尔茨坦（Elisha Goldstein）推荐了一个名为缩略词STOP的简短练习，你可以在零碎时间练习，如洗澡、散步、吃饭或旅行时。

S	停下来	停下手边的事，找一个合适地方，闭上眼睛。
T	呼 吸	将注意力集中在对呼气和吸气的感知上。
O	观 察	观察身体、情绪和精神的感觉。
P	感 知	感知周围的声音，静听而不做评判。

戈尔茨坦的报告称，即使每天5分钟的正念练习也可以帮助自己减少焦虑，并让自己对生活更加满意。

自学的一项技能，而且持之以恒地进行练习。

该中心进一步补充，冥想虽然功能很强大，但往往需要一些个人远见才能赋予其完整意义。你可以自问：如果放下束缚自己的压力，自己会变成什么样的人？正念不会把你变成另外一个人，但它可以成为你积极实现最好自己的基石。如果压力使你难以成为理想的自己，那么可以将正念融入日常生活中，它会很好地帮助你。

经常做正念练习可以使你在充满压力的生活中享有内心的平静，体会自己的情绪，而不是与它们对抗，从而保持自我。压力有时令人有苦苦挣扎的感觉。但是，我们有时最好给自己创造一个心理空间，停止挣扎，休息一下。

> 正念是通过**有意**关注**当下**而产生的意识，不是主观判断。
>
> **乔恩·卡巴特-辛恩**
> 美国正念疗法创始人

咱们庆祝一下吧

庆祝活动

一想到圣诞节或其他节日，你就会感到有压力或沮丧吗？对有些人来说，庆祝是一项很困难的活动，所以不要用不切实际的期望给自己增添负担，而要做好照顾自己的准备。

在家庭聚会时，对自己表现的期待可能让自己紧张。如果你害怕庆祝活动，提前控制好情绪，可以帮助你做好计划。

8/10

根据美国心理学会2008年的民意测验数据，**10个美国人中有8个**认为在冬季假日会有**压力**。

应对庆祝活动

如果你不希望因庆祝活动而感到压力，请看看下面专家们提出的一些建议。

√ **提前计划。**美国心理学家珍妮特·弗兰克（Janet Frank）建议，如果家人在圣诞节有交换礼物的传统，明智的做法是"花上全年时间，一件一件"地购买，这样就可以分散经济负担，而且不用去匆忙购买东西，还可以避开假日拥挤。

√ **保持自己的习惯。**美国博客作家和《幸福计划》一书的作者格蕾琴·鲁宾（Gretchen Rubin）指出，如果日常习惯被打乱，我们毫无疑问会感到非常大的压力。我们要保持正常作息、锻炼方式和饮食习惯——偶尔享受一顿美餐。无论节假日多么繁忙，都要注意身体健康。

√ **设定自己的原则**（见第92~95页）。圣诞节有时意味着要说"不"，无论向孩子们解释预算限额，还是告诉远方亲人今年无法去看望他们。了解自己能做什么、不能做什么，并准备好向别人解释的理由。

克服冬季抑郁

在北半球，大部分节日都设定在冬季，如圣诞节和光明节。对某些人来

> 成年兄弟姐妹开始表现得像8岁孩子。
>
> **帕梅拉·里根**
> （Pamela Regan）
> 美国心理学教授

5% 季节性情绪失调

2010年美国的一项研究估计：一年内，**5%**的美国人会遭受**季节性情绪失调**的困扰。离赤道越远，人们情绪低落越普遍。统计数字可能会因地理位置不同而有所差异，但对每个人来说，冬季期间确实需要更好地照顾自己。

说，黑夜较长会导致季节性情绪失调（Seasonal Affective Disorder，SAD），这种抑郁症状通常会随着春季日照时间增加而自然康复。

治疗季节性情绪失调，不仅可以采取像治疗普通抑郁症一样的疗法（见第202～203页），也可以采取"光线疗法"，让病人暴露在人工光线下，刺激大脑分泌血清素（一种抗抑郁神经递质）和褪黑激素（一种荷尔蒙，可以调节我们的睡眠周期）。英国季节性情绪失调协会估计，光线疗法对85%的病人有效；虽然得到充分治疗可能需要更长时间，但接受治疗后两周内就会见效。

如果觉得冬天让你情绪低落，明智的做法是去咨询医生。

✔ 家庭乐趣？

许多聚会都是与家人相处，从常理上讲这是很好的事，但如果家庭关系不好，聚会实际上可能带来压力。为帮助你平安度过假期，下面给出了一些建议。

正确认识
美国社会学教授特里·欧布斯（Terri Orbuch）说："你能够做得最好的事情，就是管理好自己的预期。为自己设定切实可行的目标，这样就不会感到沮丧。"无论节日传统形象应该怎样，与你共度节日的人肯定都有不完美之处，所以要随时准备迎接不完美的事情（见第34～35页）。

提防旧有模式
家庭聚会经常让人们重新扮演旧有的家庭角色；正如美国心理学教授帕梅拉·里根所观察到的，我们会重新进入已经被埋藏很久的习惯和行为模式当中。但是，要保持耐心，记住你是一个成年人。

评估自己的忍耐极限
肯·达克沃斯（Ken Duckworth）是美国全国精神疾病联盟的医务主任，他建议大家自问："为什么我要做令自己痛苦的事？"如果真有不喜欢和某人在一起的想法，记住你可以选择退出。

小事不纠结
你有时不得不和讨厌的家人一起相处，但就像美国心理学教授帕梅拉·维加茨（Pamela Wiegartz）所说，"如果你想弄清彼此个人喜好和意识形态上的一些差异，那就另找时间私下讨论"。至少在这一天，做个深呼吸，然后放下这些差异。

喝上一杯

压力和饮酒的关系

许多喝酒的人能够很好地控制自己的情绪。然而，压力会使人和酒的关系变得复杂。如果你正在承受压力，最好明白借酒消愁存在风险。

我们都知道过度饮酒不利于健康，但在心情不佳时，人们往往很想喝上一杯，忘掉烦恼。但是，关键要保证饮酒适度，以免最终导致压力进一步加重。

适度饮酒的好处

2011年，荷兰进行了一项研究，测试一个人全天的皮质醇水平。结果发现，大量饮酒者（即每天喝酒超过3杯），不管是否有酗酒问题，他们晚上与早晨醒来时的皮质醇水平都较高，而且在一天中对压力表现出的生理反应也更多。

适度饮酒者的压力则比滴酒不沾者低，但大量饮酒会扰乱身体对压力的反应。如果你经常每天饮酒超过三杯，少喝点就可以减轻自己的压力。

压力与对酒精的渴望

人们在压力之下易于过度饮

酗酒

1/12

据美国国家酒精和药物依赖委员会估计，**每12个成年人中就有1个**存在**酗酒或酒精依赖问题**。如果担忧自己的饮酒问题，你并非特例，所以不要害怕寻求医疗帮助。

酒。2016年，美国进行了一项研究，让老鼠承受急性压力达一个小时，然后喂食它们含酒精的糖水。实验发现，没有受到压力的对照组老鼠的饮酒量，明显低于有压力的老鼠；那些压力大的老鼠在之后几个星期里一直喝得比较多。

研究人员发现老鼠的大脑结构发生了改变，压力使多巴胺反应变得迟钝（多巴胺是与快感相关的神经递质），导致它们想喝更多的酒，而体验到的乐趣却更少。换句话说，压力越大，就需要更多的酒精让自己放松，也就越难停下来。

在压力较小的时候少喝酒，并采取更有效的放松方法来缓解压力，比如进行正念、渐进式肌肉放松疗法和呼吸练习（见第128～135页）。

如果你担心自己已经喝得太多（见右上），降低自己的压力水平对此会有所帮助。但是，你也要同时听从医疗建议：一个有医学知识的医生可以提供更多支持。

其他成瘾性物质

多项研究证实，压力使我们更容易受到各种成瘾性毒品的侵害。而且，如果试图抑制这一欲望，压力会使毒瘾更容易复发。如果这已经是个问题，控制压力水平对你来说就更加重要。

2013年，伊朗的一项研究表明，吸毒成瘾的人比非成瘾者明显缺乏专注

❓ 正在形成问题吗？

如果你想知道自己是否有酒精依赖倾向，通过以下问题测试一下。

- **你是否发现**一旦开始喝酒就很难停止？
- **当别人**议论你喝酒的时候，你是否感到愤怒或抵触？
- **当饮酒时**，你是否**迷迷糊糊或者性格大变**？
- **喝酒过量时，你感到内疚吗？**
- **你想隐瞒或者撒谎**你喝了多少酒吗？
- **有一段时间戒酒**对你来说很难吗？
- **你曾担心过**自己酗酒吗？

你可能也喜欢在线搜索AUDIT或CAGE调查问卷，这是两个有关酗酒问题的很好的测试题。建设性地解决酗酒问题并不是可耻的事。

解决问题的能力（见第26～29页），并且对压力的耐受力很差（见第118～119页）。除寻求医疗支持外，还应该尽快改善应对措施，以助康复。

✅ 要戒酒吗？

压力让身体想摄入更多的酒，而减少摄入可能是困难的。这个恶性循环会进一步加大压力，并降低戒酒成功的可能性。英国心理学家和戒瘾专家马克·格里菲斯（Mark Griffiths）提供了一些建议，使戒酒过程更易于管理。

√ **找到想要戒酒的朋友和家人**，一起行动（见第176～179页）。

√ **在小型群体社交中**，尽量不要轮番喝酒，避免每个人受到喝酒最快者的影响。

√ **当你在酒吧时**，尝试买小包装的稀释饮料或软饮料。

√ **避免诱惑**。了解自己喝酒的诱因，比如路过一个最喜欢的酒吧。这样的话，提前规划好路径，避免再被诱惑。

√ **提醒自己戒酒的好处**。把削减开支作为一个积极的、很有抱负的目标（见第170～171页）：少喝酒可以拥有更多睡眠时间，消耗更少的热量，而且感觉更健康。

√ **奖励自己**。记录每日财务支出（见第88页），把通常花在喝酒上的钱积攒起来，买些好东西奖励自己。

不要逃避

如何不受压力支配

逃避可能使困扰我们的事变成恶性循环，让我们比以往任何时候都感到紧张。因此，解决问题或许才是更正确的做法。

逃避问题

新西兰心理学家爱丽丝·博伊斯（Alice Boyes）总结了处理压力时经常使用的逃避方法。

- **拒绝**考虑。我的纳税申报就要逾期了，但我要去看电影。
- **回避**可能引发痛苦记忆的事情。"我在学校问一些愚蠢问题会受到责备。""我不打算询问老板的打算。"
- **不去验证**自己担心的事情是否真实。"那个肿块可能是癌症，我不去看医生，这太可怕了。"
- **回避社交场合**。"我只会把自己搞得像个傻子，所以不去参加聚会。"
- **避免挑战**。如果我在比赛中做得不

当遇到压力时，我们本能的愿望是逃避，但从长远来看，逃避可能会加大压力。直面问题，而非逃避，这是更有效的克服压力的方法。

> 逃避是微妙的，因为临时有效，有点像……从长远看，它会让我们付出高昂代价。
>
> **艾伦·亨德里克森**
> （Ellen Hendriksen）
> 美国心理学家

好，会感觉很糟糕，所以最好不要参加。

在以上这些逃避情形下，最终可能导致更糟的结果。即使你逃避不去做，却依然会担忧。拒绝面对令人紧张的问题，行为主义学称之为"负向强化"（见下文），使自己更有可能继续逃避问题，因而无法学会如何处理压力。

负向强化

"负向强化"概念是由美国行为主义学家B. F. 斯金纳（B. F. Skinner）提出的。逃避在以下方面涉及负向强化。

1 压力源让我感到不舒服。

2 我以某种方式应对压力源。

3 压力问题得到一时解决。

4 下次遇到压力时，我很有可能以同样的方式做出回应。

负向强化可能是有益的。例如，汽车会发出恼人的警报，只有当我们系上安全带时才会停止。警报是负向强化，它能使我们扣上安全带，保证安全。

逃避可能暂时减轻压力，并让我们更有可能再次选择逃避。随着时

🔍 逃避循环

逃避压力意味着我们不去学习如何应对。有针对性地处理问题，提高承压和找到解决方案的能力，远远好于逃避。

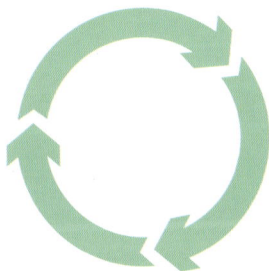

逃避
➤ 有件事情让你紧张。
➤ 回避它。
➤ 压力暂时下降。
➤ 多次回避它。
➤ 不去学会如何应对它。
➤ 这样在脑海里形成根深蒂固的观念，你无法处理这件事。

解决问题
➤ 有件事让你紧张。
➤ 承受着不舒服的压力。
➤ 解决这个问题。
➤ 发现你能够在不舒服的情况下挺过来。
➤ 学会处理该问题的方法。
➤ 这种问题不再令你紧张。

间推移，面对和克服问题变得更加困难。

我们都有很多暂时应对困境的办法，从长远来看，面对问题要比逃避好得多。在本书第26～29页的讨论

✅ 逐渐暴露疗法

"暴露疗法"是认知行为疗法的一种形式（见第52～53页），能够帮助你逐渐克服逃避的做法。例如，假设你曾经在一家商店里产生过恐慌反应，担心去那里会再次发生类似反应。你可以按照以下步骤，一点点让地自己暴露在那个环境中，逐步增强耐压能力。

1 与一个值得信赖的朋友一起走到商店，站在外面，直到你放松下来。

2 独自站在商店前。

3 与朋友一起步行走进商店几米，待在那里，直到焦虑平息，然后离开。

4 独自走进商店几米。

5 去商店买一件小东西。

6 在商店逗留的时间一次比一次长，直到商店成为一个你可以平静地从容出入的地方。

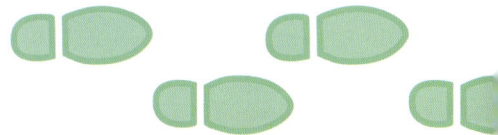

中，有可能你已经学会了这些应对技巧。随着我们更多地应用这些技巧，在处理问题时就会更加容易和主动。

保持健康

压力和身体不适

生病本身就有压力，而压力也会增加我们生病的概率，所以用心照顾自己是保护身心的最好方式。

生病会使我们更容易受到压力影响，反之亦然。认清心理和身体健康的紧密联系，可以帮你预先感知自己的健康可能面临的危险，并加强自我照顾。

病后忧郁

人在生病时感到痛苦有生物学上的原因。当生病时，我们的身体会释放一种被称为细胞激素的蛋白质，它有助于调节免疫系统，但也会导致情绪低落。

美国2001年的一项研究发现，除非已经服用抗抑郁药，45%采用人工细胞激素治疗的患者会产生抑郁症状。在生病后不久，要注意自己的心理健康。未经控制的压力会导致抑郁（见第202～203页），而细胞激素增加了这种风险。

放松效应

你是否有过这样的经历，经过一段有压力的生活之后，当有机会放

休闲病

3%

荷兰心理学家爱德·维格霍茨（Ad Vingerhoets）估计，3%的人患有**"休闲病"**，即压力缓解后，身体就会突然出现健康问题。他的忠告是，**提高自己的压力识别能力**，弄清什么时候自己感到压力太大，然后**慢慢来**，以免崩溃。

松下来时，你才被疾病击倒？你可能正在遭受美国心理学家马克·舍恩（Marc Schoen）所称的"放松效应"的折磨。当人们处于急性压力下时，激素激活免疫系统，但同时也会激活处于休眠状态的病毒，导致一旦免疫系统恢复正常后，这些疾病便凸显出来。

在经历一段时间高度的压力后，关节炎和其他慢性疾病疼痛的情况可能变得更糟。大脑分泌的化学物质，如皮质醇和去甲肾上腺素可以抑制压力反应中的疼痛感觉，导致有人没有意识到身体承受能力已经超出正常极限。直到因压力产生的化学物质恢复正常时，才能感觉到这种影响。

舍恩建议：当危机结束时，不要过于突然地切换到放松模式。相反，要有一个冷却期（见右面内容），让大脑的压力反应进行比较缓慢的调整，使免疫系统保持活跃，以抵抗任何感染。

✅ 需要病假吗？

如果病得太重而不能工作，那就不要工作，不要因为休息一天感到内疚，徒增自己的压力。当你生病打电话请假时，使用下面这些请假用语，告诉自己和雇主，你这样做是正确的。

> 我需要休息一天，**让身体有所改善**。

> **我不想传染他人。**

> 如果我能休息一两天，最终**损失的工作时间会少些**。

> **我今天**病得无法清晰思考。

无论紧张导致生病，还是疾病使你更容易受到压力影响，解决办法是让自己慢慢放松下来，回归正常生活。

帮你分担的朋友

如果正受到慢性疾病或残疾的困扰，你可能发现人们会用"一切皆有原因"等陈词滥调来安慰你。大多数患者或残疾人士认为这些话会增加而不是减轻自己的压力，因为这些话真正传达的信息是，对方不想听到你的任何抱怨。医生们不希望病人低估自己的症状，也可能说这些安慰人的话。2007年，印度的一项研究得出如下结论：那些严重低估病情的人通常会推迟、逃避看医生，或不按医嘱治疗。

社会支持对你帮助很大（见第176～179页），所以要选择那些能让你开心，在你心情低落时能让你振作起来的朋友。

留意身体症状

压力有时会使我们感到不适，即使身体没有出现什么"问题"。情绪紧张的确会引发各种身体症状，比如头疼和皮疹（见第196～197页）。如果身体经常有不适的症状，却找不到明显原因，你应该咨询医生，它们可能是由压力导致的。这并不意味着这些症状是你脑中臆想出来的。重要的是，不要低估压力引发的不适，甚至带来的痛苦。压力水平是整个健康的一部分，留意自己的压力水平，将有助于身体健康。

✅ 压力过后"降温"

如何才能在经历一段时间的压力后，不会突然生病？美国心理学家马克·舍恩建议逐渐放松紧张情绪。

适度运动，如慢跑或爬楼梯，每天几次，每次5～6分钟。

智力挑战，如拼图或国际象棋游戏，每次30～60分钟。

如果能够连续三天进行上述水平的挑战，你就更有可能保持良好的身体状态。舍恩认为，三天是一个关键的时间窗口。

CHAPTER 4
DE-STRESSING YOUR LIFE
CREATING A CALMER EXISTENCE

减轻生活压力

生活得更平静

生活中有太多的选择

如何确定轻重缓急

对许多人来说，管理竞争性需求是现代生活中持续存在的压力之一。在众多期望中，我们如何才能做出最好的决策呢？

压力会使我们慌乱，因而并不总能做出最好的决定。这将影响我们组织和管理自己面临的所有任务的方式。首先要做的是努力减少情绪，以便更客观地看待我们承担的任务。

做出明智选择

通过理解相关任务，我们可以更好地处理目标间的冲突。2016年，英国和澳大利亚的一项联合研究让参与者完成两个项目：一个处于"良好"状态，一个处于"不佳"状态，或者说是不可能成功完成的状态。实验者为这两项任务提供了一笔现金奖励，如果两个项目全部完成，可获得6便士，如果只能完成一个，则获得其中一半奖励。因为"差"项目被设计成只有20%的成功机会，而"好"项目则有80%的成功机会，所以优先考虑"差"项目意味着参与者可能无法完成任何工作，也不会获得任何奖励。

研究人员设定了两种规则进行对比：一种规定完成项目有奖金，另一种规定不能完成项目会罚钱。

结果，那些能得到奖励的人通常采取稳妥的策略，并赚得更多；那些尽量避免损失的受试者会把成功机会低的目标放在优先地位，而且常常两项任务都会失败。

考虑收益而非损失

人类本性趋向规避损失：避免负

Q 以时空观考虑问题

2008年，以色列和美国的一项联合研究指出，在直接压力下做出的计划往往不太奏效，这一状况可以通过在我们自己与环境之间创造某种情感"距离"的想法来改善。该研究提出了4种方法。

- **想象一下时间距离。** 10年后谁会认为这是当务之急呢？

- **想象一下空间距离。** 如果在世界另一端发生这种情况，优先考虑什么呢？

- **想象一下社会距离。** 如果这件事发生在陌生人身上，你先想到什么？

- **想象一下，** 如果这不是真实情况，而是假设，优先考虑什么？

所有这些方法都能够帮助人们在压力下明确自己的想法。如果有问题似乎要把自己压垮，试着在它和你之间建立一些想象空间。

面结果造成的压力会使我们承担更多风险。当试图决定完成哪项任务时，试着从潜在收益角度去思考，而不是担心损失。这样做更合乎逻辑，压力更小。

Q 推还是拉？

心理学家把目标分为两类：

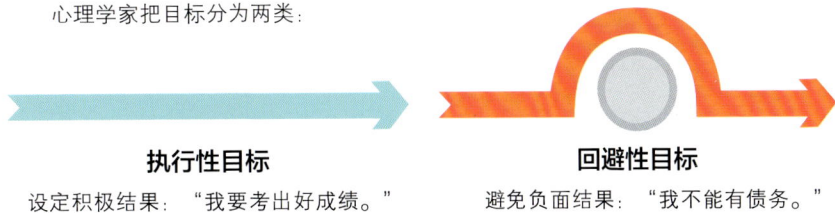

执行性目标
设定积极结果："我要考出好成绩。"

回避性目标
避免负面结果："我不能有债务。"

2014年，英国一项研究发现，当我们特别想回避目标时，往往会感到更加紧张和焦虑。如果能找到重新构建目标的方法，更看重积极的结果，而不是一味地避免消极状况，你可能发现自己在处理艰难任务时更容易振作起来。

计划努力方向

由于没有时间或精力对每项任务都付出100%的努力，我们应该做好相应的计划。通过制定完善的任务清单，我们可以减少因精力过度分散而产生的压力感。美国心理学家杰夫·希曼斯基创建了一个简单的排名系统。

任 务	任务描述	需要付出多少努力
A级任务 ★★★★	非常重要的工作。	挑选其中三件事，付出100%的努力，做到最好。
B级任务 ★★★	工作量适当，可以接受的工作。	每项工作付出80%的努力，做到很好就行了。
C级任务 ★★	简单工作，只需很小的努力。	足够努力就好。
其他任务 ★	耗时却不重要的工作。	不要在这个任务上浪费时间，把它放在一边，有空再做。

无论工作、学习或完成个人项目，希曼斯基都建议我们要学会自问："我想要怎样的生活？"通过优先考虑最重要的事情，可以在提高效率的同时降低自己的精神压力。

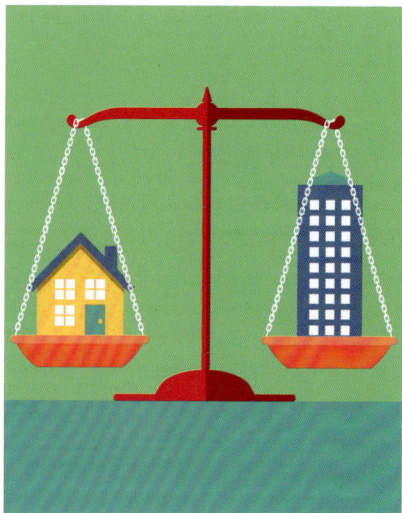

平衡法则

如何平衡工作和家庭的关系

努力保持家庭和工作之间的平衡，是我们生活中的一大压力来源。没有人能做到完美，但如果拥有强大的支持网络将会很有帮助。

当今社会，夫妻一方工作就可以在经济上支撑一个家庭的情况很少，基本上双方都要工作。工作和家庭之间不易找到平衡，关键是要团结、相互支持和理解，以及对时间进行灵活和创造性的分配。

如何应对超负荷的压力

当家庭和工作都有太多事情要做时，怎么办？2010年，加拿大《婚姻和家庭周刊》上发布的一项研究成果，给出了下面一些策略。

■ **相应缩减：** 无论工作、家务或休息，适当减少对时间的占用。

■ **寻求帮助：** 寻求家人和朋友的帮助，或使用一些付费服务，比如请人打扫卫生。

■ **调整工作角色，** 调整工作安排，比如限定每人要完成的工作量。

■ **调整家庭职责，** 让孩子和伴侣帮助做家务，计划家庭时间，必要时互相分担彼此的家务。

研究表明，女人更容易牺牲自己的闲暇时间。当人们愿意调整工作角色的时候，这种调整会有所帮助，但男人往往比女人更不愿意这么做。最有效的办法是重新调整家庭职责，而不是工作职责。

适应

就像上述加拿大研究发现的结论一样，男人更不容易调整工作时间。性别角色有其局限性。1984年，加拿

2016年，美国劳工部的统计数据显示，大部分家长都有工作。那些得到关爱和照顾的孩子也从中学到了如何找到工作和生活之间的平衡。

48%

接近一半的已婚夫妇**双方都工作。**

70.5%

超过三分之二的工作女性和十分之九的工作男性家中有**不满18岁的孩子。**

大的一项研究表明，最成功的单亲家长往往是那些在家庭中扮演"亦父亦母"的角色。也就是说，无论在家长权威还是养育孩子方面都打破了社会成见。

美国管理专家斯科特·贝森（Scott Behson）为难以协调工作和生活平衡的男性提出了以下建议，它们对全职妈妈也有帮助。

- **利用休息时间**。例如，利用午餐时间打电话回家或做付账等家庭琐事。
- **安排"调休时间"**。如果工作单位允许灵活安排工作时间，为履行家庭义务，你可以提前下班或晚点上班，并利用晚上或周末时间来弥补工作时间的不足。
- **发现可利用的工作空隙时间**。例如，利用休息时间，你可以更快完成额外工作。

父母必须兼顾家庭和工作的责任，具体压力水平取决于你能够得到的支持和对时间管理的信心。在工作中，充分利用一切可以休息的机会，这样就能够保持与伴侣的良好沟通，给对方尽可能的支持；而且，对彼此所做的努力表示感激。这样做，你可能找到一个很好的、健康的工作与生活的平衡。

如何应对？

兼顾家庭和工作的压力带来的挑战有时非常大，以致我们不知道如何应对。2005年，美国心理学家格洛丽亚·W.伯德（Gloria W. Bird）创建了一套详细的应对方法。看看这些方法是否是你在寻找的解决方法。

应对方法	在工作中的应用	在家庭中的应用
针对问题的个人应对	√ 把大任务进行分解。 √ 做好准备。 √ 提高工作效率。 √ 寻找信息和建议。 √ 接受自己的局限性。	√ 说出自己的需求。 √ 留出只与家人共处的时光，没有电话、短信、客人或其他事情分心。 √ 设定更切合实际的标准。
针对情绪的个人应对	√ 进行积极的自我对话。 √ 从无法解决的问题中脱身。 √ 让自己放松。 √ 保持冷静，控制面部情绪。	√ 控制脾气。 √ 承认不同家庭成员有不同个性和想法。 √ 运动。 √ 休息和放松。
夫妻共同应对	√ 当夫妻中有一方工作繁忙时，另一方承担家务和育儿工作。 √ 做积极响应者。 √ 给出建议。 √ 通过沟通分担压力。	√ 找时间交流。 √ 建立统一战线。 √ 避开大家庭中的麻烦成员。
团队（与同事、家人）共同应对	√ 与同事建立良好关系。 √ 为有压力的同事提供空间或帮助他们转移注意力。 √ 必要时向同事表达关切。 √ 愿意聆听。	√ 为家庭提供支持。 √ 愿意接受帮助。 √ 促进"我们可以相互依赖"的家庭文化。

为什么需要闲暇时光

休闲的价值

　　压力经常令人精疲力竭，我们有时在业余时间只想彻底休息，放松下来。然而，有研究表明，具有挑战性的爱好可能是恢复精力的更好方式。

你 喜欢绘画、攀岩或下棋吗？这些和其他有吸引力的爱好可以帮助你更好地缓解压力。

行为激活疗法

　　20世纪70年代，美国心理学家彼得·卢因森（Peter Lewinsohn）领导的小组，提出了一个被称为"行为激活"的理论。行为激活最初旨在治疗抑郁症，还可帮助我们以积极的态度面对压力。

　　不论什么原因，压力都会让我们感觉生活不那么有价值。如果这种情绪渗透到生活的其他方面，我们可能对曾经喜欢的活动不再有兴趣，而有益活动的减少又会进一步加剧我们的压力。

　　行为激活采取由外到内的方法来解决这一问题：通过参加喜欢的活动而体验到快感，从而产生更积极的想

🔍 快乐和掌控感

　　偶尔放松一下不是坏主意，但有时缓解压力的最好方式是享受挑战。心理学家认为"快乐"和"掌控"是幸福的两大关键要素。在这种背景下，快乐意味着你喜欢一种活动，而掌控则意味着它既会让你觉得自己有能力，又能够增强自信。两者都有助于提高韧性，帮助自己度过困难时期。

Q 不要让压力阻止你前行

当生活困难时，我们可能觉得没有时间或精力去做那些通常让我们放松或者振作起来的事情。美国"行为激活"理论创始人彼得·卢因森指出，这可能形成恶性循环。压力打乱通常的娱乐活动，而我们创造了一种没有多少价值的新行为模式，

这样就没有那么多快乐体验来缓解压力。腾出时间做自己喜欢的事情，尤其在压力大的时候，你会觉得很开心，而压力也随之减轻。

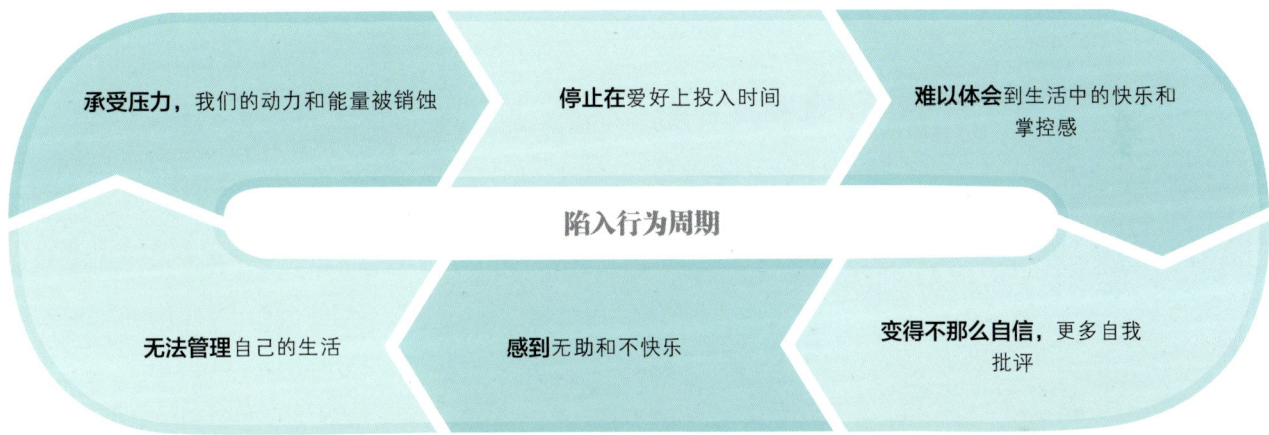

承受压力，我们的动力和能量被销蚀

停止在爱好上投入时间

难以体会到生活中的快乐和掌控感

陷入行为周期

无法管理自己的生活

感到无助和不快乐

变得不那么自信，更多自我批评

法和感觉。

在压力下，坚持做自己喜欢或者感觉良好的事情是最有益的。

最佳体验

在疲劳时，做有趣的挑战性活动可能让你感到比休息更能获得活力。利用"行为激活"可以创造出匈牙利心理学家米哈里·齐克森米哈里（Mihály Csíkszentmihályi）所称的"最佳体验"，即"心流时刻"（见第174~175页）。此时，你会感到自己很投入，觉得自己强大而自信，感觉生活的压力感不再那么大。在业余时间寻求挑战，可以帮助你提高抗压能力。

监测你的满意情绪

如果休闲活动让你没有成就感，那就试试这样做：用两月的空闲时间写一本简单的日记，注意哪些活动会带给你快乐和掌控感（见左页）。然后，把更多时间安排在这些活动上，这是提高抗压能力的绝佳方法。

日 期	活 动	快乐程度（10分制）	掌控度（10分制）
周 五	做晚饭	4	7
	上网	5	3
周 六	慢跑	3	9
	弹吉他	7	8
	看电影	8	2

健身

运动的作用

运动是最有效的，也是最简单的减压方法之一。除明显提高体能外，进行锻炼还可以使我们更冷静、更有韧性，能够更好地应对生活的挑战。

压力会激活身体和思维，例如提高心率，并使我们的注意力更加集中。运动也有这样的作用，这就是为什么运动能够帮助我们应对压力。把身体置于压力之下，让它在应对压力和从压力中恢复的过程中得到锻炼。

平衡压力的化学物质

当我们感到威胁时，应激激素皮质醇和神经递质去甲肾上腺素的水平会上升，身体将准备战斗或逃跑（见第20~21页）。运动也需要皮质醇和去甲肾上腺素，我们在运动时消耗这些脑部化学物质来降低对日常压力的反应。

有规律的锻炼可以减少皮质醇数量，也可以降低慢性压力带来的相关疾病的风险，如心脏病和抑郁症。这就是为什么经常运动能够长期保护我们身心健康的一个重要原因。

改善心理健康

通过刺激两种主要脑部化学物质的稳定释放，锻炼使我们更加快乐。血清素能够产生积极的情绪，有抗抑郁作用；去甲肾上腺素可以减轻疼痛和焦虑。经常运动和减少抑郁症状之间有很高关联性。事实上，许多医疗保健机构通常建议通过锻炼治疗轻度和中度抑郁症。2013年，英国对39项独立研究的审查证实，对于轻度抑郁症患者，运动可以像药物治疗或心理

✓ 锻炼强度多大合适?

对于健康的成年人，医生一般推荐下图中的运动量。你也可以建立适合自己的运动机制，每周将剧烈运动和适度运动适当结合起来；一分钟的剧烈运动大约相当于两分钟的适度运动。如果你有健康问题，请医生帮助制订一个安全的锻炼计划。

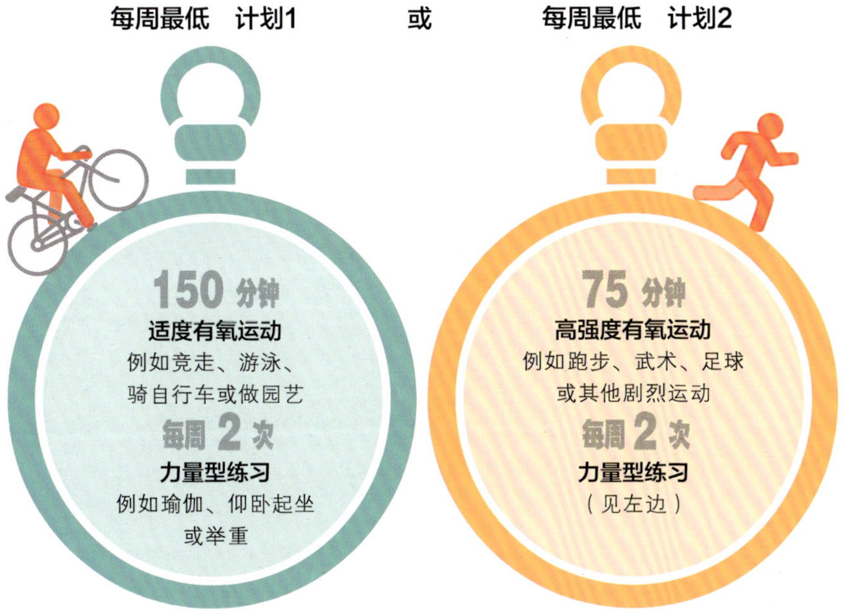

每周最低 计划1   或   每周最低 计划2

150 分钟
适度有氧运动
例如竞走、游泳、骑自行车或做园艺
每周 2 次
力量型练习
例如瑜伽、仰卧起坐或举重

75 分钟
高强度有氧运动
例如跑步、武术、足球或其他剧烈运动
每周 2 次
力量型练习
（见左边）

🧠 塑造有韧性的大脑

锻炼可以增强我们的情绪适应能力。2013年，在普林斯顿大学的一项研究中，实验人员让小鼠做六周转轮运动，然后用冷水使它们产生压力。研究人员发现，运动对大脑产生了两个方面的积极影响。

■ **促进大脑情绪调节区域的脑细胞生长**，有助于减轻对压力的反应。这是一种中长期效应。

■ **释放 γ－氨基丁酸**，这是一种神经递质，对短期减少焦虑发挥主要作用。

换言之，运动使我们能够即刻获得快速平静的化学物质，而且有助于我们提高长期管理压力的能力。

治疗一样，有效地减轻症状。由于抑郁症与慢性压力有很强关联，有规律的锻炼可以帮助人们在困难时期保持精神健康。

避免悲伤

锻炼可以减少压力带来的影响。2013年，美国的一项研究进行测试，观察健康的年轻人在休息或运动后对一组悲伤图片的反应。结果表明，测试前休息的人压力水平升高，

而那些刚刚运动完的人则保持平静。当我们处于情绪紧张的状态时，锻炼可以缓和人们的反应。

提高效率

承担任务的数量超过自身可承受的范围是一个常见的压力源。2012年，新西兰的一项研究发现，运动能够提高"执行功能"，如批判性思考、预见性、整理思路和管理行为的能力。这些能力是解决问题的关键，

可以通过常规锻炼来改善。

哪些运动形式最有效呢？任何能够让自己动起来、提高心率，并有可能让自己出汗的运动都有帮助（见上面的"锻炼强度多大"部分）。重要的是选择一个自己喜欢的锻炼方式，这样就更有可能坚持下去。在理想情况下，让运动成为有益的日常活动，有助于增强自己身体和精神的耐力，以及情绪适应能力。

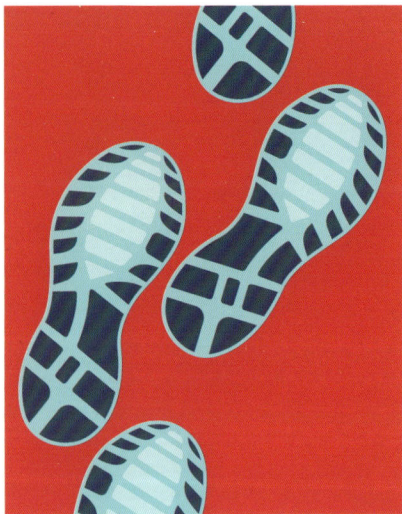

行走疗法

如何通过散步来消除压力

多项研究证明，运动有助于减轻压力，而行走是一项特别使人平静的运动。如果你需要放松，就抽些时间去散步。

许多人很难抽出时间去健身房，而行走是一种几乎任何地方都适合的运动形式，无论提前几站下车或午休时在附近街区散步都可以。行走也是一种很好的减压方式。

> 散步似乎与**创造力**有特殊关系……无论在户外还是跑步机上。
>
> **玛莉·奥佩佐**
> （Marily Oppezzo）
> **丹尼尔·L.施瓦茨**
> （Daniel L. Schwartz）
> *斯坦福大学心理学家*

行走的好处

医生和心理学家表示，行走包括下面这些好处。

√ **快速行走**是有氧运动，有助于保持身心健康（见第152～153页）。

√ **行走促进脑部化学物质的释放**，有助于降低压力荷尔蒙，如皮质醇的水平（见第20～21页）。

√ **行走促进新的健康脑细胞的生长**，可以改善情绪。

√ **行走可以成为一种社会活动**，促进人际关系（见第176～179页）的发展。

√ **行走是免费的。**

总而言之，行走是一种容易实现的缓解压力的方式。

提高记忆力

20%

2008年，根据美国发表的一份研究报告，无论在哪里或天气如何，**行走都能提高记忆力和注意力达20%**。

集中精力

行走是特别好的练习正念的时机（见第132～135页）。2012年，德国进行了一项研究，邀请处于高度压力下的18～65岁志愿者参加一个基于正念的行走计划。在四周内，大多数参与者都表示明显平静了许多。

如果你想尝试正念行走，关键是要做哪些事情和不做哪些事情呢？

■ 走路的时候，把**注意力集中**在感知身体上，去观察，不去评论或判断。

- 除走路外，**别想其他事**。
- 如果**被一个令你不快的念头困扰**，**那就**把注意力集中在呼吸上，直到这种感觉消失。

放空思想

行走时除了可以练习正念，还有一个截然相反的好处。行走也是练习"无意识"的好机会。2013年，美国心理学家丽贝卡·麦克米伦（Rebecca McMillan）、斯科特·巴里·考夫曼（Scott Barry Kaufman）和杰罗姆·辛格（Jerome Singer）提出，"浑然不觉"可能是有益的。正如他们所说，"积极的、建设性的白日梦"使头脑从通常的控制中放松下来，并在无意识的情况下建立各种联系。

这可能引导我们找到解决压力的方法，或产生一种满足感。事实上，美国2014年的一项研究发现，在进行创造性能力测试前走路的人，比坐着的人表现出更多的创新思维。进行低强度的体力活动，如散步，是构造建设性白日梦状态的理想选择。

远离喧嚣

美国积极心理学家罗伯特·比斯瓦斯-迪纳也指出，行走时产生的白日梦也可以保护自己免受环境压力的影响。在自然环境中行走被证明特别有用（见第98～99页），不管去哪里散

完美姿势

无论你在悠闲散步还是快走，保持正确姿势都能使行走更加舒适和高效。按照以下提示，可以很快形成良好的行走姿态。

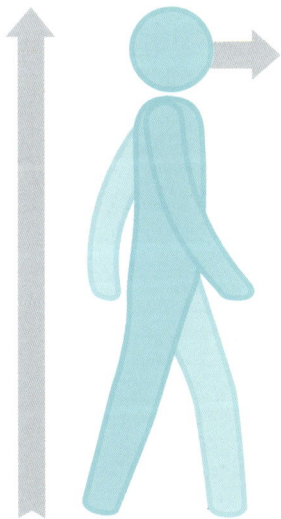

1 背部挺直，不要前后倾斜。

2 目视前方，聚焦在前面6米远的地方。

3 下巴与地面平行，使颈部张力最小。

4 肩部放松。耸一下肩，使肩膀处于舒适状态。

5 轻轻收腹，以支撑腹部和腰部的肌肉群。

6 臀部轻轻收紧，以防驼背。

7 将手机和配件放好，这样就不会被诱惑去看手里的东西。

好的走路姿势，会使身体更舒适、身体不紧张、心情更放松。

步，让自己的注意力随意徜徉，可以帮你避免在拥挤或嘈杂环境中生活和工作带来的压力影响。

无论在林间或街道漫步，沉思或做白日梦，行走都是一种积极的低应变运动，可以让自己身心放松。

提高能量

20%

你感觉太累而难以应付吗？2008年，美国的另一份研究报告称，**经常行走**可以**提高20%的身体能量**，使疲劳度降低65%。

正念练习

利用瑜伽和太极减压

当感到压力时，每周找固定时间做一套平静的练习确实会有帮助。如果你正在寻找适合的方案，请考虑瑜伽和太极课程。这两种方式都很受欢迎，医生有时会推荐给有压力的病人。但是，科学怎么解释这一效果呢？

评估瑜伽和太极的好处

瑜伽和太极肯定有益健康：两者都是低强度运动形式，已被证明对压力管理有益（见第152～153页）。传授瑜伽和太极的课堂很常见，如果你遇到一个友好的团队，还可以拓宽你的支持网络。

医学研究发现，如果有规律地练习瑜伽和太极，体内的生物化学反应也会产生一些减压效果。

■ 提高平衡情绪的神经递质水平，如多巴胺和血清素。

当你感到压力大的时候，一个很受欢迎的建议是，尝试上一门讲授冥想和低强度练习的课程。如果这个建议对你很有吸引力的话，有研究表明，它确实会让你更平静。

> 有时候，你只需要**动起来**，带动身体每个部位。
>
> **梅兰妮·格林伯格**
> （Melanie Greenberg）
> 美国心理学教授和瑜伽专家

- 释放止痛激素内啡肽。
- 降低引起压力的脑部化学物质水平，如去甲肾上腺素和皮质醇。

经常练习瑜伽和太极，可以帮助调节压力响应的证据越来越多。例如，2013年的一项德国综合性分析发现，有证据表明瑜伽可以帮助人们从抑郁症中恢复过来；2014年的一份国际综合分析报告显示，太极对很多人群做好压力管理很适用。

总的来说，对瑜伽和太极的研究是谨慎乐观的：医学研究似乎支持它们可以减压的观点。如果参加一个训练班后感觉很好，那么说明它对你有效。

安全练习

深呼吸通常可以放松身心，这是瑜伽和太极的核心。但是，这里有一个小小的警告：2005年，发表在美国《替代和补充医学》杂志上的一项研究指出，在练习瑜伽中过度呼吸有时会让人头晕眼花、晕眩或烦躁，并会加重现有的精神疾病。你要确保找到一个可靠的老师，这样就不会过度劳累；如果有任何不适，去寻求医疗帮助。

瑜伽和太极应该是令人愉快的，如果有挑战的话，注意安全练习，享受减压效果。

初学者指南

太极最初是一种防御性武术，受中国传统文化和哲学强烈影响。练习太极，通过流畅的圆形和螺旋形运动，可以平衡体内真气（活力），达到健康的阴阳平衡。太极能够使我们深深地感知呼吸，从快节奏的生活中慢下来，让我们的情绪和精神更加平和。

瑜伽源于印度，其传统形式涵盖伦理、灵性、冥想和身体伸展等内容。当代西方瑜伽倾向于专注体式（姿势）、调息（呼吸）和禅定（冥想）。瑜伽特别强调呼吸和精神集中，会让人充满活力、情绪放松。

这两种做法都鼓励正念（见第132~135页）。研究证明，瑜伽和太极皆有强大的减压效果。如果你想把一些体力活动和冥想结合起来，这两种方法很值得一试。

健康身体和健康思想

锻炼具有很好的减压效果（见第152~153页）。如果觉得自己身体健康，并且很自信，面对生活中的挑战总会更容易一些。瑜伽和太极对身体有下面这些好处。

- **锻炼**主要的肌肉群和关节。
- **提高骨密度**，减少骨质疏松发生的概率。
- **改善关节状况**，以及身体的平衡和协调性。
- **促进深呼吸**，提高肺活量，改善血液循环。

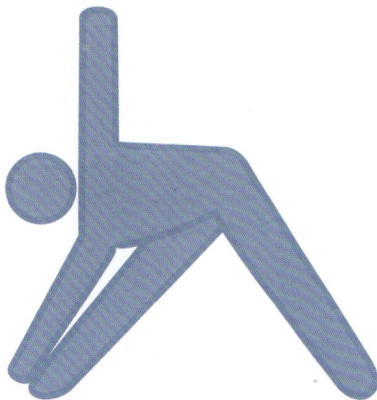

压力和食品

压力下的饮食

如果吃得不健康，而且导致体重增加，很少有人会自我感觉良好。在这种压力下，控制饮食将更加困难，又会进一步加大压力。我们如何形成健康的饮食习惯呢？

在有些文化中，经常把美与瘦联系在一起。这样的话，食物本身就让人感到压力。

更好地理解自身冲动，可以帮助我们形成积极的健康饮食习惯，即使处于压力之下。

压力导致饮食无度

为什么许多人在压力下容易暴饮暴食呢？这在生物学上能够得到很好的解释。压力促使身体释放荷尔蒙皮质醇，这会刺激食欲。人体的自然进化，让我们在应对食肉动物等的威胁时，体内会释放皮质醇，促使我们在体内储备能量以准备战斗或逃跑。这就解释了为什么我们会吃东西以得到安慰。这不是贪婪，而是身体对压力的内在反应。皮质醇也与想吃垃圾食品有关。2001年，美国的一项研究发现，"高皮质醇释放者"与平静状态下的"低皮质醇释放者"相比，吃相同量的食物，会摄入更多的糖和脂肪类物质。高皮质醇释放者是指那些受

> 压力本身可以改变许多代谢功能，使我们发胖。
>
> 丹尼斯·康明斯
> （Denise Cummins）
> 美国心理学教授

压力下

80%

在压力下，有些人吃得多，有些人吃得少。2013年，美国的一项综合研究发现，**5人中有4人**的饮食习惯在压力下会发生变化。在承受压力的艰难时期，**健康饮食**往往是个**挑战**，所以要格外小心选择食品。

到威胁时体内释放更多皮质醇的志愿者。

美国运动科学家克里斯蒂娜·马廖内-加弗斯（Christine Maglione-Garves）也观察到，皮质醇会增加腹部脂肪的储存，压力大的人体重会增加更多。

2005年，美国的一项研究发现，体重增加可能是逃避压力反应的一种方式：在持续承受压力环境下的实验老鼠，腹部积累了一定量的脂肪后皮质醇开始下降。更重要的是，美国2009年的一项研究发现，当用高卡路里食物喂猴子时，生活在较大压力下的猴子比那些不太紧张的猴子体重增加得要多。

简而言之，如果因为饮食或体型往往感到内疚或情绪不稳定，那就试着对自己友善些。压力很可能是主要原因，自我厌恶只会让自己感觉更糟。我们首先要做的，应该是停止自责来减轻压力。

吃零食的冲动

慰藉性嗜食是一种**常见的压力反应**。2017年，在美国心理学会的压力调查中，**4名女性中有1人、5名男性中有1人**表示曾经因为压力而暴食。

26% ♀ 女性

18% ♂ 男性

应该节食吗？

健康饮食有益我们的身心健康，如果你想把饮食结构调整得更均衡，请医生或营养学家给你一些关于如何开始的建议，这或许是一个好主意。

不管怎样，对那些承诺几周内迅速减肥的极端节食办法应该持怀疑态度。多项研究证实，这些方法既缺乏营养，也不是减压办法。这种类型的减肥餐并不能解决体重增加的根本原因，所以无法持续下去。

数字引起的压力

节食的部分问题在于，计算卡路里本身就是一种压力。2010年，美国进行了一项研究，将测试者三周内每天进食量控制在不超过1200卡路里。那些被监测卡路里的人报告说，他们

🔍 感到饥饿？

营养学家伊夫林·特里布尔（Evelyn Tribole）和艾丽斯·雷施（Elyse Resch）在美国发起"本能饮食"营养运动，建议我们区分"生理饥饿"和"嘴馋"。

生理饥饿

当需要卡路里时，我们的身体需要食物。

从健康食物、细嚼慢咽、专注和规律中获得**最佳满足**。

嘴馋

对味觉和咀嚼的心理渴求。

最佳满足往往是从少量的更具刺激性、有丰富味道或有趣质感的食物中获得。

在压力下进食更多与"口感饥饿"有关。所以，如果你需要在正餐间吃零食，选择一些小而可口的食物，好好品味。最重要的是，有压力的时候一定要按规律吃饭。

感觉比那些少吃而不接受卡路里监测的人更紧张。

然而，简单少吃也并非没有压力。相反，无论是否计算卡路里，饮食受限的参与者都有较高的压力荷尔蒙皮质醇水平。

要找到更有效的解决饮食压力的 **》**

>> 方法，并且对身心健康都有好处，请参见下面内容。

为什么疯狂节食注定失败？

有证据表明，过多限制卡路里摄取的计划都会使大脑更想暴食。2010年，美国进行了一项研究，在短时间内限制一些实验室老鼠的饮食，然后再给它们尽可能多的食物。当受到压力时，那些"节食"老鼠比自由进食的老鼠消耗的卡路里要大得多。科学家推测，卡路里受到限制带来的压力会重构大脑，使它们对压力更加敏感，更不能够控制寻求奖赏的行为，因而造成了嗜食。

这并不意味着，如果你在节食，体重就会无休止地增加。不过，如果因为压力过大导致体重增加，那么疯狂节食可能弊大于利。首先要解决自己的压力水平问题，然后再制订长期的健康饮食计划，减少负罪感。

✓ 更好的解决方案

如果你很容易嗜食，又对自己的身体形象不太满意，该怎么办呢？

研究表明，最好的解决办法是对自己好一点。压力和食物都充满挑战，你越温和地对待自己，向成功和健康的生活方式转变的概率就越大。

尊重饥饿和你的感受

提倡"直觉饮食"运动的营养师和营养治疗师指出，抑制感情只会增强欲望。我们应该饿时吃、饱时停，找到新方法来安慰自己，不要依赖零食（见下文）。

更加接受自己的形象

尝试放宽对完美的要求（第34～35页、第68～69页）。2008年，美国的一项研究发现，高度完美主义者，特别是对自己体型要求完美的人，最容易在节食和暴饮暴食之间反复。对自己更宽容和自信的人（见第18～19页），更容易控制饮食。

避免严苛限制产生的压力

2007年，美国对一项节食项目的研究发现，结束节食后，多达64%的人体重减轻后又反弹回来。从长远来看，坚持吃有营养的食物更加有效。

尝试新的放松方式

在新西兰2009年的一项研究中，参与者在没有节食的情况下体重有所减轻。他们采用的方法包括渐进式肌肉放松疗法（见第131页）、深呼吸（见第129页）和瑜伽（见第157页）。用这些方式降低压力可以减少嗜食的冲动。

选择一种乐意坚持的饮食方式

正如美国心理学家和正念饮食专家梅兰妮·格林伯格所说，"健康的生活是积极的，可以为生活增添快乐和活力"。参见下页有关健康生活的选择。

了解自己的血糖指数（GI）

所有食物都能提高血糖，但血糖指数高的食物会快速提高这一指标。血糖指数是衡量食物吸收和新陈代谢速度的一个指标。

在压力下，我们往往渴望迅速获得能量，并往往选择血糖指数高的食品。但是，几小时后血糖会迅速升高，让我们感觉更糟。为保持情绪稳定，我们要确保膳食中有一定比例的血糖指数低的健康食物，用来平衡饮食。

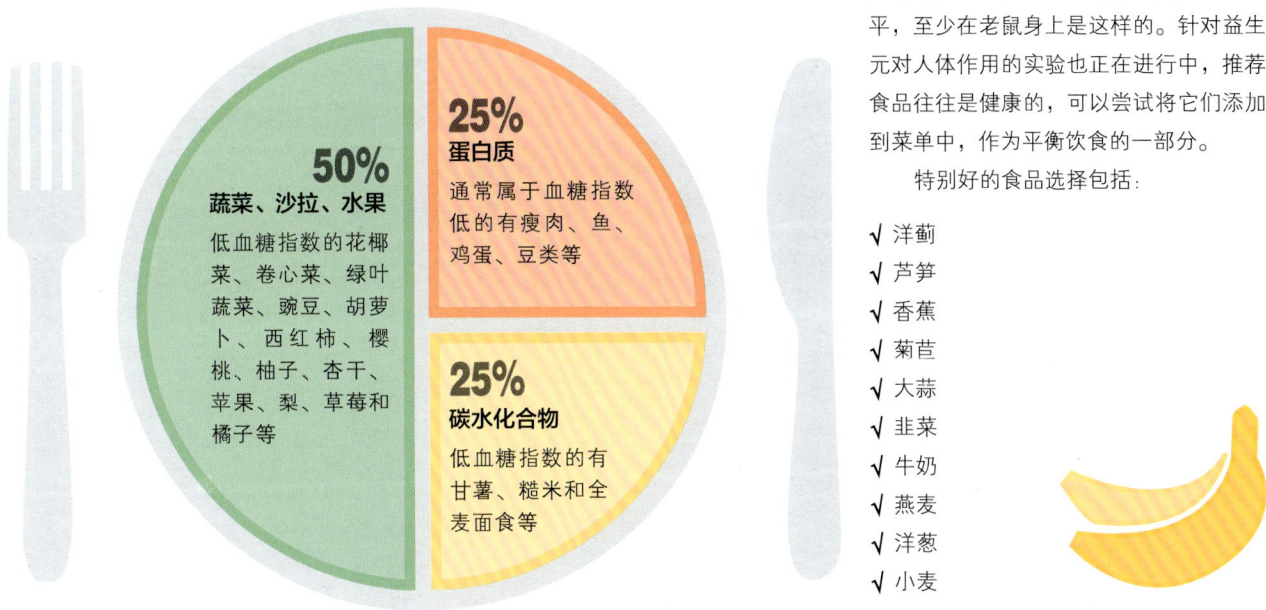

50%
蔬菜、沙拉、水果
低血糖指数的花椰菜、卷心菜、绿叶蔬菜、豌豆、胡萝卜、西红柿、樱桃、柚子、杏干、苹果、梨、草莓和橘子等

25%
蛋白质
通常属于血糖指数低的有瘦肉、鱼、鸡蛋、豆类等

25%
碳水化合物
低血糖指数的有甘薯、糙米和全麦面食等

🔍 减压食品

"益生元"食品，刺激有益肠道细菌的生长，有利于人体健康。根据爱尔兰科学家约翰·克莱恩（John Cryan）和泰德·迪南（Ted Dinan）2017年发表的研究结果，益生元食品也有助于降低压力水平，至少在老鼠身上是这样的。针对益生元对人体作用的实验也正在进行中，推荐食品往往是健康的，可以尝试将它们添加到菜单中，作为平衡饮食的一部分。

特别好的食品选择包括：

√ 洋蓟
√ 芦笋
√ 香蕉
√ 菊苣
√ 大蒜
√ 韭菜
√ 牛奶
√ 燕麦
√ 洋葱
√ 小麦

✅ 地中海解决方案

传统的西方饮食为高糖、高脂和加工食品，对我们的心理健康有害。2015年，澳大利亚发表的一项研究指出，这些食品可以令大脑海马体缩小，而海马体与情绪调节有关。西班牙2013年的一项研究表明，传统地中海饮食，辅以坚果，使人的压力更小，精神更健康。

尝试调整饮食

吃**全谷物食品**，而不是白面包或大米。

鱼，特别是富含脂肪的鱼类，如鲭鱼，含有丰富的Ω-3脂肪酸，那是一种天然抗抑郁良药。

吃**瘦肉**，最好是白肉，如鸡肉。

用**橄榄油**烹调和调味。

吃**水果**，而不是蛋糕和糖果。

吃**坚果**，如核桃、榛子、杏仁。

如果**喝酒**的话，选择红酒。

睡个好觉

受失眠困扰

当生活忙碌时，我们可能认为睡眠是浪费时间，但它实际上对我们的健康至关重要。美国国家睡眠基金会注意到，习惯性失眠与大量身心健康风险有关。习惯性失眠的定义为三个月以上、每周至少三个晚上存在睡眠问题。休息好的人可以从运动中获得更多益处，更容易调节自身情绪，焦虑程度低，而且有更好的认知功能。显然，良好的睡眠非常重要。所以，如果你一直清醒地躺着，就检查你的"睡眠卫生状况"（见下页），并尝试采用认知行为疗法（见下页）。

失眠和压力可能造成恶性循环：我们因为紧张而睡不着觉，因为无法入睡而变得更加紧张。如果你正为无法充分休息而烦恼，认知行为疗法可以提供一些帮助。

失眠比例

1/3

根据美国国家睡眠基金会1991年的研究，**三分之一**的人在生命的不同时段**经历过失眠**。

1/10

国际医学杂志《睡眠医学评论》在2002年发表的报道中表示，**10%～15%**的成年人患有**持续性睡眠问题**。

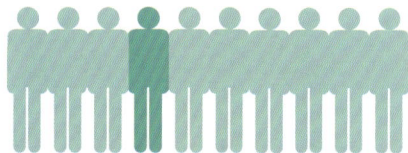

八小时？

我们常听说八小时是理想的夜间休息时间。但是，人们的需求事实上有所不同（见下文）。2015年，《睡眠健康》曾发表一项研究，建议我们考虑睡眠数量问题，你可能过多或过少。在考虑睡眠数量的同时，要注意睡眠质量。六小时酣睡比八小时断断续续的睡眠休息得更好。如果前一晚缺觉，我们通常需要补觉。

睡眠债

2007年，芬兰的一项研究发现，缺觉的影响是累积的。偶尔一晚糟糕睡眠造成的伤害很小，但连续三四个晚上睡眠不足，会增加压力荷尔蒙皮质醇水平，导致血压升高。失眠太多会造成缺觉。弥补睡眠不足并不容易，如果需要几个晚上熬夜（例如，因最后期限快到了需要加班），那么可以提前几个晚上早点着手解决这个问题。

如果长期患有入睡困难症状，你可能需要强度更大的方法（见下页）。即使很忙也要做，如果有足够睡眠，你的工作会更有效率。

睡眠卫生

如果你的睡眠问题属于中等，首先要解决睡眠卫生问题。

- **白天不要在床上活动**，如阅读或看电视。这样，你的身体就会知道床是睡觉的地方。
- **早晨做高强度运动**，晚上做放松运动，如轻柔的瑜伽（见第152～157页）。
- **不要在白天打盹**，除非睡意对安全构成威胁。如果必需的话，试着把小憩时间限制在30分钟以内。
- 午后**避免饮酒**，摄入咖啡因、巧克力和尼古丁，晚上避免吃辛辣食物。
- 临近就寝，**适当控制饮水量**，这样就可以避免起夜。
- 把**卧室布置**得舒适和安静，确保床铺的舒适性。
- **就寝时要安静**。例如，关掉可能会过度刺激你的电子设备，阅读或听平静的音乐。

这些方法会训练你的身体对夜晚充满期待，并保持放松，而不会将床和失眠联系起来。如果这些技巧不起作用，尝试采用刺激控制治疗或睡眠压缩治疗方法（见下页）。

需要多少小时睡眠？

多数成年人会因为多睡而受益。下面的图表显示，为获得最佳工作状态，大多数人需要的平均睡眠小时数。

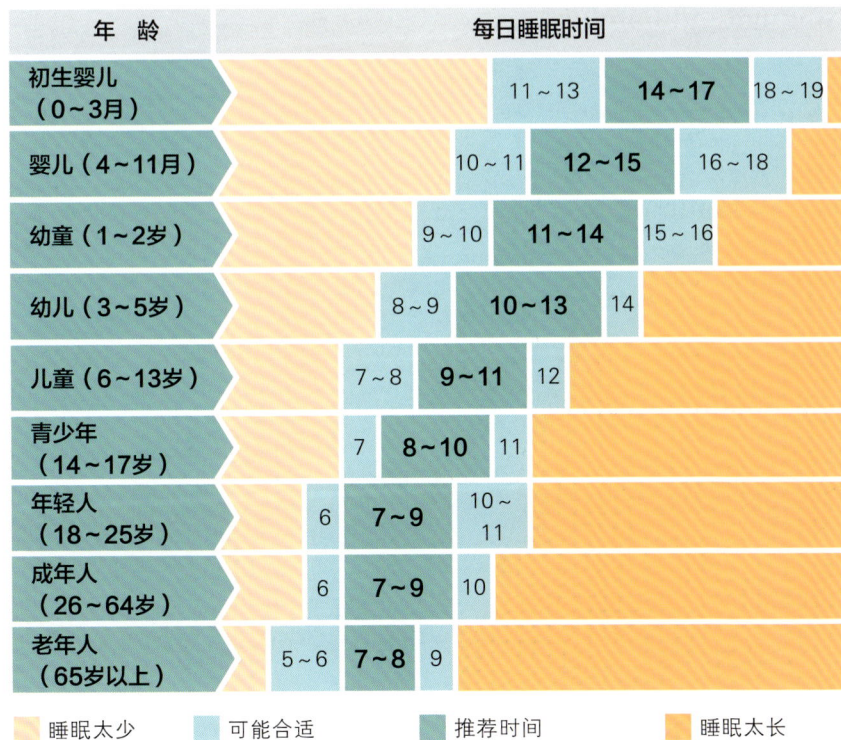

年 龄	每日睡眠时间
初生婴儿（0～3月）	11～13 **14～17** 18～19
婴儿（4～11月）	10～11 **12～15** 16～18
幼童（1～2岁）	9～10 **11～14** 15～16
幼儿（3～5岁）	8～9 **10～13** 14
儿童（6～13岁）	7～8 **9～11** 12
青少年（14～17岁）	7 **8～10** 11
年轻人（18～25岁）	6 **7～9** 10～11
成年人（26～64岁）	6 **7～9** 10
老年人（65岁以上）	5～6 **7～8** 9

睡眠太少　可能合适　推荐时间　睡眠太长

➤➤ 认知行为疗法治疗失眠

认知行为疗法的目标是通过改变思想和行为来改善情绪、减少焦虑。CBT-I是美国睡眠医学会推荐的专门用来治疗失眠的疗法。其治疗原理是基于经典的条件反射，简单地说，失眠使我们将就寝时间与焦虑联系起来，这是我们必须改掉的习惯。睡眠压缩疗法和刺激控制疗法（见下页），加上好的"睡眠卫生"（见第163页），已经帮助了许多失眠患者。

寻求帮助

如果这些办法无法缓解失眠症状，你可能患有需要解决的睡眠紊乱或潜在的健康问题，请咨询医生。随着时间推移，安眠药往往会变得不那么见效，而且可能成瘾，因此家庭医生通常只给开两到四周的剂量。相反，你的医生可能会给你推荐一个认知行为疗法或睡眠治疗计划，这也许有帮助。

克服失眠需要时间和决心，有了耐心和书中描述的这些方法，你应该能够睡上一个好觉。

🔍 潜在问题

失眠原因可能有多种，比如由身体疾病、心理和环境因素造成（比如时差或轮班工作）。想想你休息时最糟的睡不着的那段时间，这可能为你找到最大的压力源提供线索。这是确定长期解决方案的第一步。

- **难以入睡：** 入睡困难，经常伴有焦虑（见第204～207页）。

- **难以维持睡眠：** 夜间醒来，可能与身体疾病、疼痛或抑郁有关（见第202～203页）。

- **早醒：** 过早醒来，经常伴有抑郁症（见第202～203页）。

作息类型

何时是你的最佳休息时间段呢？根据美国睡眠研究者迈克尔·斯莫伦斯基（Michael Smolensky）和林恩·拉姆伯格（Lynne Lamberg）的研究结论，通常可以把人们分为如下图所示的三组。"蜂鸟型"既不会熬到深夜，也不会早早起来，即使需要补觉也如此。如果你是"猫头鹰型"或"云雀型"，最好制定一个时间表，确保得到充分的休息，这点特别重要。

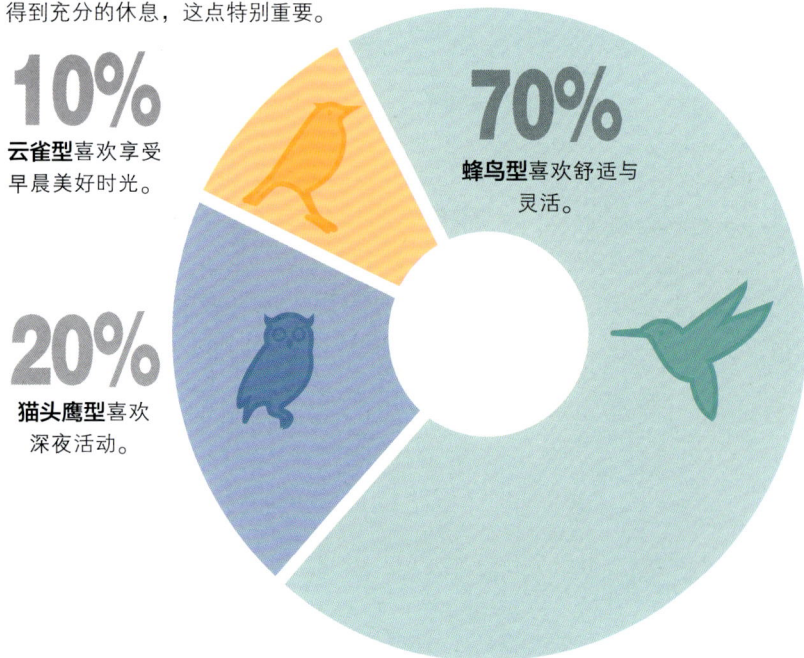

10%
云雀型喜欢享受早晨美好时光。

70%
蜂鸟型喜欢舒适与灵活。

20%
猫头鹰型喜欢深夜活动。

计算失眠成本

30%

2010年，在美国发布的国家健康访谈调查中，**30%的工人**称他们经常**无法获得足够睡眠**，并且伴有严重的健康问题。

2000美元

疲惫的人**工作效率较低**。2010年，美国的一项研究估计，**每个疲劳的工人**每年会带来**2000美元**的损失。

✅ 刺激控制疗法

根据1998年发表在《行为矫正》杂志上的一项研究和美国睡眠医学会2006年的一项研究，刺激控制疗法是治疗慢性失眠症最有效的一种疗法。为让自己在就寝时感到昏昏欲睡，要确保等到睡意浓厚时再上床睡觉。

1 **坚持不睡觉**，直到觉得很困。记住，疲倦和困倦不同，注意打哈欠、眼皮沉重和打盹点头。

2 **不要不停看表**。如果卧室有钟表，可以的话，就把它藏起来或拿走，而且把手机放在够不着的地方。

3 如果过了15~20分钟（最好估计，不要看时钟）后**依然醒着**，那就起床。离开卧室，做一些枯燥或平静的事情，如阅读或放松练习。避免使用任何电子设备，包括电视，因为它们将使你更加清醒。

4 **当开始感到昏昏欲睡时**，回到床上，不要看时间。

5 **重复这些步骤**，直到睡着。

6 **不管睡得怎样，第二天正常起床。**（再次强调，不要看钟表时间，而是用手机预先定好闹钟。）这将帮助你的身体接受一个常规的例行程序，你在第二天晚上应该睡得更好。

✅ 计算睡眠效率

失眠者需要提高睡眠效率，即减少在床上醒着的时间。计算公式如下：

$$\frac{睡眠时间}{躺在床上时间} \times 100 = 睡眠效率$$

例如，如果你在床上躺了9小时，睡着6小时，你的睡眠效率是67%。睡眠压缩疗法建议，失眠者的睡眠效率应该提高到大约85%，即几乎所有在床上的时间都在睡眠。

🔋 睡眠压缩疗法

导致失眠的因素很多，而睡眠效率低下（见左下）是你可以调控的最好的区域之一。睡眠压缩疗法（Sleep Compression Therapy，SCT）通过创建"睡觉或离开"的行为模式，训练身体入睡。把睡眠时间压缩到几小时内，在训练期间，即使没有得到足够睡眠，仍然在固定时间起床。这样大脑最终知道你在床上的时间是有限的，所以必须充分利用它。睡眠压缩疗法的步骤如下。

1 设定睡眠时间，注意比你需要的要少，但比你现在的睡眠时间稍微多一点，通常是6小时。

2 设定闹钟叫醒时间，将6小时倒计时作为睡觉时间。让自己坚持这些时间作息，避免白天小睡。

3 5~10天后，你会发现你能睡整整6小时。这时改成提前30分钟睡觉。

4 再过5~10天，如果能睡到6.5小时，再提前30分钟睡觉。继续这个过程，直到睡眠满足自身需要（见第163页）。

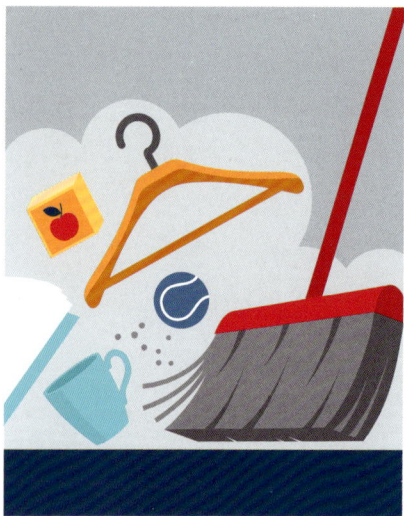

简约生活

简洁的家居环境和习惯

当生活充满压力时，很难保持生活空间整洁。但是，杂乱环境可能更会让你感到压力，而清理杂物会让你感觉好些。

我们生活在一个大量消费的时代，抛弃比购买更加艰难。把杂物整理好可以降低我们承受的压力水平。

混乱和大脑

混乱往往影响我们的思维。2013年，美国明尼苏达大学发表了一组研究，要求志愿者在房间里填完一份虚拟调查问卷后，做出各种决定。这些志愿者所在的房间要么整洁，要么凌乱。

- **要求给慈善机构捐款**。82%的在整洁房间的测试者同意这么做，而在凌乱房间的比例只有47%。
- **在糖果或苹果间做出选择**。整洁房间的志愿者更有可能做出健康选择。
- **创造性测试**。凌乱房间的参与者提出了更有创意的想法。
- **在新产品和熟知产品间做出选择**。整洁房间的参与者喜欢熟悉的产品，而凌乱房间的参与者更可能选择新产品。

简而言之，凌乱可能使我们更有创造力，但也使我们更不负责任。如果面对的是压力重重的情况，需要努力解决，无序而杂乱的环境可能使你泄气。

当环境杂乱时，我们很难集中注意力。2011年，通过使用功能性磁共振成像（fMRI）对人脑部进行扫描，美国普林斯顿大学神经科学研究所发现，在视觉信息纷乱的环境中生活和工作的人们，很难处理信息。视线所及之处，太多杂乱信息会使我们目不暇接，想专注任何事情都会倍感压力。

无法痛下决心扔掉旧东西？

75%

2012年，美国的一项研究发现，75%的中产阶级家庭的**车库无法用来停放汽车**，因为杂物太多。

1100万

2007年，《纽约时报》报道，超过1100万美国家庭租用仓库存放多余的东西。

✅ 如何弃旧?

需要清理一些东西吗?可以尝试下面专业人士的建议。

1 眼不见,心不烦。把一些不确定是否要的东西,放在一个视线外的盒子里。如果一周或一月内,你都没有想起过它们,那就连箱子一起扔掉。

2 从小处开始,但要彻底。先选择一个地方来清理,如橱柜,彻底清理掉所有东西,把它们送到慈善机构或废品回收中心。

3 物质不能代表你自己。不要把自己的身份与财产捆绑在一起:丢掉它,你还是自己。

4 珍视与人而不是物的关系。放弃与某人相关的东西并不代表放弃与此人的关系。你不必把每件礼物都与人关联起来。

5 对未来有信心。紧抓东西不放,"以防万一"是焦虑的征兆;试着相信,没有它们你也能应付得来。

6 区分渴望和实际用途的关系。以后也许会穿的衣服和从来没有读的书,这些都是对过去不满的回忆,而不是快乐的来源,淡忘它们吧。

7 不要因为乱糟糟而自责:内疚是压力,使你更难抛弃一些没用的东西。

8 忘了完美主义吧。如果希望房子看起来像杂志照片中那样,只会给自己带来无尽的压力。适当整洁就非常好。

为什么很难弃旧?

诺贝尔奖得主、心理学家、以色列裔美国人丹尼尔·卡尼曼(Daniel Kahneman)和同事在20世纪70年代至90年代间所做的研究,可能为这一问题提供了解决方案。

■ **前景理论**。我们对失去的感觉比获得的感觉要强烈得多。失去5英镑带来的痛苦多于得到5英镑带来的快乐。

■ **赋予效应**。当拥有某个物品时,我们认为它比不属于我们的东西更珍贵,即使得到它只有几分钟。

难怪舍弃多余财物是困难的,我们的大脑生来就抗拒这个想法。2012年,耶鲁大学对收藏者进行研究,发现他们不停收集物品,不舍得处置任何东西,使家里变得太拥挤而又不安全,放弃一些东西实际上激活了大脑中与身体疼痛有关的区域。杂乱可能带来压力,但抛弃旧物的压力更大。

如果觉得东西太多,尝试一下上面提到的整理方法,可以帮助你比较舒适地完成这一过程。不用扔掉所有东西,保留一些东西还可能有助于提高创造性,但清洁环境可以让你的头脑平静下来。

足够强大

如何管理意志力

你有没有注意到，当处于紧张状态时，自己更有可能冲动或做出轻率决定？即使在感到压力和疲惫时，了解意志力也能够有助于自己保持理智。

压力会触发"战斗或逃跑"反应，在最紧张的情况下，我们也不应该攻击别人或逃避问题。然而，压制冲动会消耗我们的意志力，而它是一个有限资源。只要我们认识到什么是意志力、它对我们有何帮助，意志力就可以建立起来。

自我消耗理论

美国心理学家罗伊·鲍迈斯特（Roy Baumeister）开创了自我消耗理论，认为抑制冲动和应对压力需要能量。如果能量储备太低，我们会发现自己很容易动摇而停下来休息，正如许多研究表明的那样。

- 1998年，在鲍迈斯特的实验中，被拒绝一块曲奇饼干而吃萝卜的受试者，在面对一个无法解决的谜题时，平均坚持8分钟后就放弃了；而那些被允许吃一块曲奇饼干的人则坚持了19分钟。
- 2005年，根据美国的一项研究，在被要求高度自控的日子里，人们往往会喝更多的酒。
- 2010年，美国的一项研究表明，那些不得不对自己能买什么东西做出艰难决定的贫困购物者，更有可能购买不健康的零食。

自我控制像肌肉一样，会变得疲倦。抗拒诱惑、受挫后继续努力和应对压力都会考验人的意志。压力会消耗做出健康选择需要的能量。

保持意志力

如果压力正在消耗你的精力，而你还想维持自控能力，这时做些什么好呢？你可以有如下一些选择。

√ **相信自己的实力**。2010年，斯坦福大学进行的自我消耗理论研究发现，如果研究人员提供调查问卷，巧妙暗示意志力是有限的，受测者往往表现出意志力下降，而回答不含这些暗示问卷的人却表现不同。鲍迈斯特指出，自我肯定可能有益于轻度疲惫的人，而严重疲惫的人在接受重大挑战前需要适当休息。如果只是感觉有点紧张，更加自信的态度会对你有所帮助。

√ **练习**。2010年，美国心理学家马克·穆拉文（Mark Muraven）对试图戒烟的人进行研究，发现那些花两周做一些小而规律的自控练习的人的成功率明显比不做的受试者高。

√ **让头脑平静**。2012年，瑞士的一项研究表明，当你感到精疲力竭时，"短暂的正念与冥想可以作为一种快速有效的策略来提高自我控制能力"（见第132～135页）。

压力可以让任何人精疲力竭，在困难时期锻炼自控能力更具挑战性，而通过练习和从中得到的快乐，可以帮助你提高忍耐力。

为保持自控力选择合适饮食

运用自控力需要能量，需要燃烧葡萄糖，而血液中的糖是身体的主要能量来源。为保持意志力稳定，可以尝试更多低血糖指数食品（见第161页）。研究表明，低血糖指数食品可以让血糖在两餐之间保持稳定。这为意志力薄弱时期提供了保护，包括抵制两餐之间因压力引起的零食诱惑。

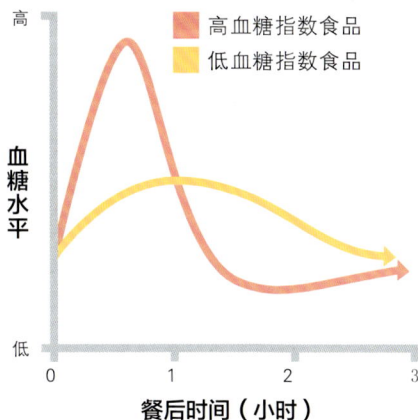

高

■ 高血糖指数食品
■ 低血糖指数食品

血糖水平

低

0　1　2　3
餐后时间（小时）

感觉虚弱？

27%

2011年，根据美国心理学会的报告，27%的人表示做出**改变时的最大障碍**是缺乏意志力。如果你为"意志力薄弱"感到内疚，要明白自己并不是特例，而且可能**并不像自己想的那么软弱**。

Q 意志力薄弱？

2011年，根据美国的一项研究，下面列出了导致自控失败的几大原因。

■ **心情不好**。例如，"戒烟有什么意义？不是每个人都关心我是否健康。"

■ **让小小的放纵**毁掉你的决心，导致自己暴饮暴食。"我想少吃糖，但现在有满桶冰激凌，可以敞开吃……"

■ **巨大诱惑**。"我想减少饮酒量，但这是一个免费酒吧，其他人也在喝。"

■ 因酒精或自我消耗**导致自控力减弱**。"我一周来都挺好的，现在要对自己好点。"

如果下决心能够自控，要警惕这些影响因素。记下自己过去自控失败的诱因，并在再次面对相同情形前，计划好如何控制这些冲动。如果真正的问题在于压力消耗意志力，自己屈服于诱惑给自己带来的快速解脱，从长远来看不会让自己感觉更好。最好尝试找出压力源，并努力采取最有效的应对策略。

抵制老习惯

在压力下保持坚定

你是否曾经开始锻炼或者计划减少开支，但在生活压力大时又故态复萌？压力会消耗我们的意志力，干扰我们的判断，使坏习惯难以控制。神经学已充分研究了造成这一现象的原因。如果你想改变某些习惯，最好时刻做好面对困难的准备。

目标导向型大脑

当我们感到放松或自信时，通常更容易产生良好愿望。如果能够实现一个特定目标，我们认为生活将会更好。为实现目标，必须对日常行为做出一些改变，而我们觉得这个目标值得尝试。

问题是，在压力荷尔蒙的影响下，这种想法很快就会被打消。2012年，在德国的一项研究中，研究人员给69名志愿者注射了无害的安慰剂或压力荷尔蒙。在参与者可以得到奖励的一系列实验中，研究人员对他们的

在紧张的时候，人们养成积极的习惯会更加困难。当压力迫使你放弃健康的、规范的生活时，你可能需要更加系统化的方法使自己保持定力。

66天

英国2009年的一项研究发现，养成**新的行为习惯**平均需要66天。压力会使改变更加困难，所以不要对自己要求太高，而应该做好长期计划。

大脑进行扫描。注射安慰剂的大脑显示了与目标导向行为相关的前额叶的健康活动。注射压力荷尔蒙的大脑显示了目标导向区域的抑制活动，而与习惯性行为相关的区域则不受影响。当你处于压力之下时，生物化学反应对你不利，使你更难克服坏习惯，更难专注于做出成就。

克服阻力

如果你想改掉一个坏习惯，或者想实现一个需要改变生活方式的目标，这些发现听起来可能是个坏消息。当你面临压力时，改变旧的行为模式会更加困难，所以可能需要一些额外帮助才能实现这个目标或维持这种改变。

进行系统计划并消除一些意想不到的问题，即使在压力大的时期，也更容易养成积极的新习惯。

✅ 减少选择

根据美国2008年的一项研究，当不得不做出太多选择时，我们的耐力和意志力会被消耗，更难坚持自己的决定。我们要试着消除生活中一些不必要的选择。

例如：

√ 挑出一批套装当作每周的工作服，这些衣服现在是你唯一的选择。

√ 每日早餐或午餐饮食相同——假设它既健康又营养均衡，或者为营养更好，制定周一餐、周二餐等不同食谱。

√ 将一周中某天定为洗衣日或清除日。

从日常决策的压力中解脱出来，可以使自己更好地做出大的决定。

✅ 选择你的目标

用何种方式描述自己的目标，其带来的结果也是不同的。心理学家发现，积极目标、可实现目标和消极目标之间存在差异。看看下面的两个例子。如果你打算改掉一个坏习惯，试着告诉自己一个积极目标。通过告诉自己，你将会得到不受习惯约束的日子，并会获得，而不是失去一些东西。你可能发现这样的改变会让自己压力更小、回报更多。

抑制目标：
"我不吃垃圾食品。"

可实现目标：
"我将持续 × 天保持健康饮食。"

✅ "如果–那么"计划

"如果–那么"计划最早由美国心理学家彼得·戈尔维策（Peter Gollwitzer）在1999年提出，该计划可以使我们以更具体的方式提出解决方案。参见以下两个例子。研究表明，"如果–那么"计划涉及面很广，从广泛使用的公共交通到排除偏见思维，很值得一试。

执行力弱的计划

我应该停止说闲话。

我需要少吸烟。

"如果–那么"计划

如果同事开始讨论果汁的秘密，我会说自己很忙，然后回去继续工作。

如果商店在卖香烟，我会买一包口香糖代替。

男人真正需要的不是无压力的状态，而是为有价值的目标奋斗和努力

维克多·弗兰克尔，

精神病学家和大屠杀幸存者

全浸入式

发现心流的艺术

如果感到压力就在面前，却无法管理，一个有效的解决办法就是"心流"。这是一种全心投入的状态，让我们感到自信和振奋。

20世纪70年代，匈牙利心理学家米哈里·齐克森米哈里提出了一个能真正解决压力的概念。用他的话说，就是"一种称之为流，完全倾注于生活的过程"。

他将"心流"定义为下面多种因素的组合。

- 专注。
- 行动和意识交融。
- 忘我。
- 感觉个人控制力强。
- 时间感失真。例如，时间流逝比意识到的更快。
- 自我体验，感觉到的内在回报。

换言之，心流是一种状态，我们此时此刻非常专注，世界和压力至少在当下不再重要。

自我推动

1988年，齐克森米哈里对250个高心流和低心流的青少年进行了研究。低心流的青少年将更多时间花在挑战性低的活动上，如社交或看电视。高心流的青少年则花更多时间在积极的、挑战性的活动上，如运动和爱好。人们往往认为低心流的同龄人有更多的乐趣，但高心流的青少年则会有更强的自尊和更好的、更长久的幸福感。

压力有时候使人非常疲惫，需要休息和放松，但进入流的状态是另一种消除压力的方法。要做到这样，我们需要面对挑战。无论在爱好中找到心流，还是调整工作模式以获得更多回报，这都是很好的降低压力的方式。

✏ 情绪日记

如何寻找心流？尝试齐克森米哈里的经验取样方法。在手机上设置提醒功能，一天数次。一听到提醒，你就停止手中的工作，写一页日记，记录自己的感受。

- **我在做什么**，和谁在一起？

- **把挑战性分成1~10级**，现在的活动有多大的挑战性呢？

- **感觉自己的技能如何？**（1~10）

- **被吸引的程度如何？**（1~10）

- **感觉如何**——压力/平静/快乐/烦恼/孤独/自信/焦虑/有兴趣/参与/骄傲/胜任？

- **感觉时间过得快/正常/慢？**

- **当审视自己做的活动时**，认为自己怎样？

重复几天这样记录，然后回想一下那些让自己沉浸在挑战之中，并且感觉到全心投入、充满兴趣，以及自我感觉良好的时刻。这样，你就可以确定在生活中哪些是让自己真正享受的东西，而且可能发现能够给自己减压，以及可以进一步追求的爱好。

✅ 如何创造心流？

根据美国研究者欧文·谢弗（Owen Schaffer）对心流的研究，创造一个心流的体验需要机会、行动和反馈。创造积极的循环，我们就可以愉快地沉浸其中。如果你想摆脱压力，那么寻找可以提供包含以下三个元素的活动。

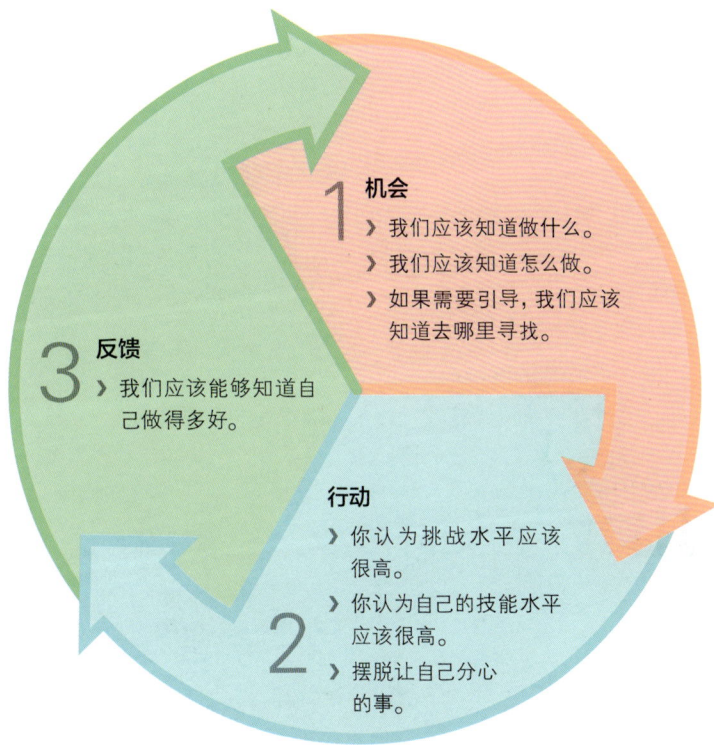

1 机会
- 我们应该知道做什么。
- 我们应该知道怎么做。
- 如果需要引导，我们应该知道去哪里寻找。

反馈 3
- 我们应该能够知道自己做得多好。

行动
- 你认为挑战水平应该很高。
- 你认为自己的技能水平应该很高。
- 摆脱让自己分心的事。

✅ 将心流应用于工作

根据美国心理学家丹尼尔·戈尔曼（Daniel Goleman）的理论，我们可以使用以下三条主要途径来促使心流产生。

找到与你的技能相匹配的工作——有足够挑战，但不能被压垮。

做你认为"好的工作"——你喜欢的工作，或体现你的价值观的工作（见第44~45页）。

提高自己专注的能力，例如练习正念冥想（见第132~135页）。

朋友圈
友谊和支持

人类是社会性动物，我们需要社会关系来保持精神和身体健康。朋友和支持者能够为我们提供可以依靠的、抵御压力的强大保护。

在困难时期，特别是繁忙时，我们有时会忽视友谊。然而，有值得信任和富有爱心的朋友相伴可以构筑一个很好抵御压力的缓冲区。

动物本性

作为社会性动物，友谊与人类进化史有深厚联系。相互支持和忠诚的人际关系增加了我们生存的机会。生物学家在动物王国中发现许多例子，在那里，动物有强大的社会联盟，使其抗压能力更好、身体更强健。当我们有值得信赖的伙伴时，就会感觉到安全，这是人类的天性。

2010年，美国的一项综合分析研究发现，与那些社会支持网络较弱的人相比，拥有强大社会支持网络的人死亡率降低了50%。研究发现，社会隔离或孤独（见第190～191页），与其他严重的健康危险因素，如吸烟和

🔍 谢谢你的陪伴

2011年，一个加拿大裔美国人跟踪研究了志愿者在几天活动期间的压力荷尔蒙皮质醇水平。志愿者对自己经历的任何负面事件每日都做了详细记录。结果显示，当面对消极事件时，志愿者的皮质醇水平上升，但如果他们有最好的朋友相伴，皮质醇则保持稳定。有一个值得信赖的朋友在场，我们的身体在面对压力的时候感觉到的威胁要小。

肥胖一样，会危害人们的健康。

我能体会你的痛苦

当一个亲密朋友受伤时，我们的确能感受到他们的痛苦。2013年，美国进行了一项研究，研究者告诉志愿者，他们的朋友或陌生人将受到轻度电击，然后对他们进行脑部扫描。当人们被告知自己会受到电击时，扫描脑部显示应激反应会上升，这不足为奇。然而，当其他人排队接受电击时，人们的反应如何呢？当接受电击者是陌生人时，扫描志愿者的脑部，发现只有轻微反应。而当听到接受电击者是自己的朋友时，扫描他们的大脑，显示反应和自己受到电击威胁时是相同的。

因为大脑无法区分对朋友的威胁和对自己的威胁，我们与所爱的同伴反应完全一样，所以当看到朋友遭受痛苦时，我们就会感到有压力。当知道有朋友分担我们的感受时，我们会得到很大的安慰，因为知道自己并不孤单。

回馈

得到朋友支持非常令人欣慰，而给予别人支持也能降低我们的压力水平。2015年，美国做了一项研究，在14天课程中，参与者被要求记录经历过的紧张事件，以及他们何时为别人提供过帮助。结果显示，那些具有"亲社会行为"（即对他人友好）的

友情的帮助

心理学家提出了两种模式，说明社会支持如何帮助人们保持良好的情绪。

直接效应假说： 无论我们的生活环境如何，友谊能够直接促使更好的情绪产生，以及身体健康。

缓冲假说： 当我们的压力很大时，友谊的作用是最强大的，它可以帮助我们在自己和压力事件之间建立心理距离。

自己适合怎样的社交圈模式可能是个人选择。这两种模式都认为，值得信赖的朋友是我们在压力下获得良好情绪必须具备的。

人，感受到的压力明显要小。

当我们不知所措的时候，还要对别人友好，这似乎额外增加了自己的负担。事实上，这些亲社会行为可能是非常小的事，小到为人打开一扇门，它可以让研究参与者免受压力影响。一丝慷慨或礼貌的姿态也能提

需要拥抱

如果压力真的让你很紧张，请朋友拥抱一下。多项研究发现，深情的身体接触能够起到下面一些作用。

- **降低**压力荷尔蒙皮质醇水平。
- **刺激**大脑迷走神经，降低心率和血压。
- **增加**"拥抱荷尔蒙"催产素的分泌，使我们感到更加放松，彼此充满信任。
- **激活大脑**"奖赏中心"中神经递质多巴胺的释放，产生一种强烈的愉悦感。

简而言之，科学研究表明，朋友的拥抱对双方都有好处。

升自己的情绪，使压力看起来不那么重要。在下一页，我们将研究如何管理社交圈，以获得最佳的相互支持。

明智选择

好朋友在困难时期能给予巨大安慰，但应该清醒地意识到，❯❯

🔍 你和朋友圈的关系

我们有多少朋友是合适的呢？太多朋友会增加压力。据研究灵长类神经病学的生物学家说，我们能够管理的亲密朋友的数量受自身记忆能力的限制。关系越紧密，对大脑要求就越高。如果超过一定数量，我们就会感到负担过重，并忘记与关系亲密者的重要联系。

下面绘制的五个圆环，显示我们在每个层级上希望能够管理朋友关系的最大数量。不过，如果人际关系健康和强大的话，我们也可以只维持较少的关系。如果你是高度社会化的人，但感觉受到庞大的朋友圈的困扰，疏远一些不太亲密的关系可能会减少压力。

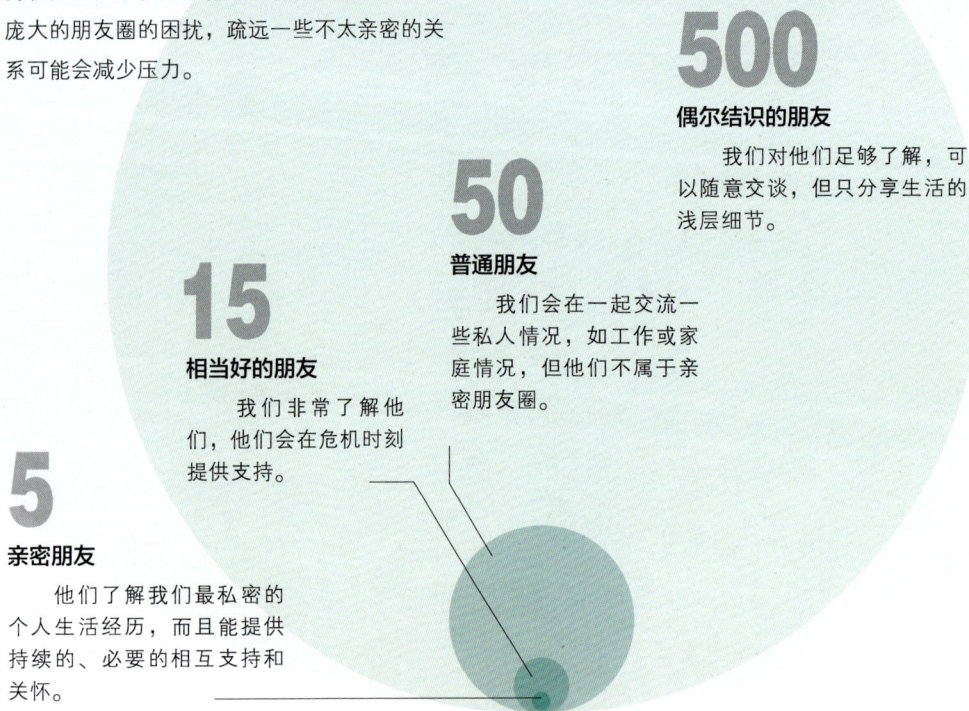

1500
只知道他们的名字

不了解他们的私人情况，如他们是否有孩子。

500
偶尔结识的朋友

我们对他们足够了解，可以随意交谈，但只分享生活的浅层细节。

50
普通朋友

我们会在一起交流一些私人情况，如工作或家庭情况，但他们不属于亲密朋友圈。

15
相当好的朋友

我们非常了解他们，他们会在危机时刻提供支持。

5
亲密朋友

他们了解我们最私密的个人生活经历，而且能提供持续的、必要的相互支持和关怀。

» 有些朋友会带来更多的压力，而不是缓解压力。如果友谊给你带来的是更多的波澜和担忧，而不是放松和安慰，美国精神病学教授艾琳·莱文（Irene Levine）建议采取以下应对步骤。

√ **把关系想清楚**，尤其要找一个安静时刻，在愤怒时做出的决定会适得其反，所以要想清楚你是否想结束这段关系，或者只是将其稍微降温。

√ **关系不太密切**，疏远关系。找借口不要见面，直到对方不再对你抱有期待。

√ **如果必须把事情说清楚**，在沟通前写下想要说的话，这样就可以确保正确表达自己的意思。尽量不要责备对方。人都会改变，不要在过去的事情上纠缠不休。

这显然不是说，朋友有麻烦，你就要拒绝他们。这样不友好，而且可能疏远其他朋友。如果你有足够的精力，可以鼓励遇到问题的朋友更积极一些（见第180～181页）。

负面友谊可能消耗你的精力。

Q 社群的快乐

如果正处于艰难时期，有朋友总比没有朋友好吗？事实上，据美国研究者尼古拉斯·克里斯塔基斯（Nicholas Christakis）和詹姆斯·福勒（James Fowler）的理论，我们很可能通过"情绪感染"接收朋友们的情绪。根据2008年的一项研究报告，可以得出以下结论。

1英里

有快乐的朋友生活在1英里内，往往会提升我们的幸福感25%。

3度分隔

我们能从**三度分隔**"捕捉"到人们的情绪。

1 一个人感到压力。　2 他的朋友受到影响。　3 他的朋友的朋友受到影响。　4 他的朋友的朋友的朋友受到影响。

如果你正经历特别困难的时期，寻找最平静和乐观的朋友帮助可能比那些消极的人更好。我们都会受到他人情绪感染，所以看看你是否能被对方感染，变得自信。

如果一个朋友有问题，而你恰好有精力，想想如何去鼓励他们更积极地生活。积极的友谊对心理健康至关重要。生活中有益友相伴，你的幸福才能得到保护。而且，当你难以承受压力时，还有安全的地方可以去求助。

10分钟

美国2010年的一项研究发现，只需10分钟的**友好对话**就能提高大脑功能：即使在电话上聊会儿天，也能帮你更好地解决压力问题。

? 分辨有害的朋友

好朋友令人安心，坏朋友会使压力加剧。美国辅导员和关系研究员苏珊·德吉斯–怀特（Suzanne Degges–White）确定了7种需要注意的朋友。

1 **新相识**，却急于推进亲密关系。

2 **只会在自己有难时**才给你打电话的朋友。

3 **当一起进行计划的时候**，那些不考虑你喜好的朋友。

4 那些**只想谈论自己**和自己兴趣的朋友。

5 那些**不断抱怨**你不能随叫随到和不够了解他的朋友。

6 **那些习惯性和你竞争的人。**

7 **那些着急借钱**，却又迟迟不还的人。

想帮助朋友是自然而然的事。如果把精力放在那些能给予并且能接受帮助的同伴身上，你可能会感到更轻松，也能更好地管理自己的压力。

积极沟通

不抱怨的益处

当我们处于压力之下时，通过抱怨来发泄情绪是很自然的。然而，科学研究表明，我们最好把抱怨降到最低限度。

许多人认为，"发泄""倾诉"或"宣泄"是处理压力的好方法。事实上，过多抱怨会引发更多问题，而不是解决问题。因此，我们要注意到这其中涉及的神经科学，即使在压力下，也要培养积极的习惯。

大脑的适应性

将重要信息从大脑的一部分传输到另一部分，神经元（神经细胞）需要协同工作。信息从一个神经元通过神经递质（化学信使）传送到下一个神经元，形成神经元通路。电信号沿通路将信息从大脑一个区域传送到另一个区域。我们使用某个特定通路越多，它就会变得越强大，用这个通路传递信息就越容易。我们就是这样学习的。然而，我们也可以为消极的感觉和行为建立强大的神经通路。我们谈论或思考某种消极情绪越多，就越容易想到它。

这意味着过多的抱怨实际上会让我们的情绪更糟。当我们不断重复表

> 发泄愤怒是一种情感表达……这听起来不错，却是非常错误的。
>
> 杰弗里·洛尔
> （Jeffrey Lohr）
> 美国心理学家

✅ 怎么表达?

如果你正和亲密朋友或伙伴谈论正在处理的棘手问题，尝试一下下面这些短语，以便建立一个更积极的解决框架。

√ 这会让我非常执着。

√ 这将是一个巨大挑战。

√ 我要投入大量精力。

√ 我要用心解决这个问题。

√ 我要表现出真正而且持久的勇气。

√ 我期待这一切都结束。

达负面情绪时，传递这些情绪的神经通路不断加强，大脑会更多地处理这些信息，即使没有理由也可能产生负面情绪。考虑到这一点，将对消极想法的表达降低到最低限度是明智的，而且要努力用积极的情绪思考和谈论问题，从而加强大脑中快乐的传递途径。

让朋友保持积极状态

如果朋友正处于压力之下，你很可能必须倾听他们的抱怨，即使不想这样做。我们常常会受到别人情绪的干扰，如果你能温和地鼓励对方积极思考，你可能因此受益。以下是一些有用策略。

↪ 正面抱怨

美国心理学家罗宾·科瓦尔斯基（Robin Kowalski）认为以下两种类型的抱怨属于正面抱怨：一个是解决问题型抱怨，旨在解决一个实际问题，比如退回不好的商品；另一个是自我表达型抱怨，这是为了得到别人的反应。前者一般比较积极，如果你非常想抱怨，那就适度抱怨吧。

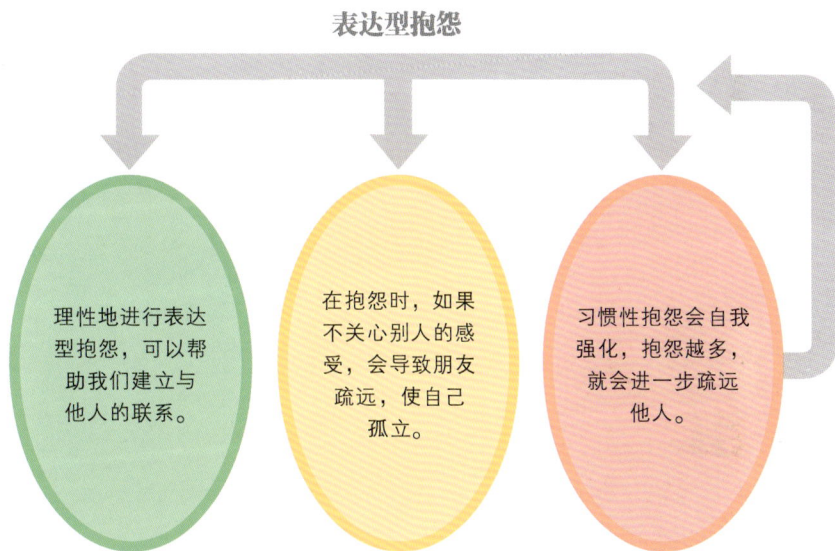

表达型抱怨

理性地进行表达型抱怨，可以帮助我们建立与他人的联系。

在抱怨时，如果不关心别人的感受，会导致朋友疏远，使自己孤立。

习惯性抱怨会自我强化，抱怨越多，就会进一步疏远他人。

- **展示积极的身体语言**。人在潜意识下会模仿周围人的站姿，而你的站姿会影响自己的情绪。所以，保持积极的形象，其他人可能效仿你。
- **给予正向反馈**。如果能赞美别人，那就说出来。一旦对方情绪稳定，他们就会自动停止抱怨。
- **转换主题**，使之更为积极。
- **对于消极情绪尽量少回应**。抱怨的人想得到回应，所以你要保持中性评论，如"嗯"和"我明白"。当话题转向正面时，自己要做出更积极的回应，这就会让对方的抱怨影响不到你。

稍微有些抱怨是无害的，但情绪会长期累积，所以在与人交流时多保持积极情绪，你的压力水平也会因此下降。

发现有趣一面

幽默的作用

笑声背后有大量令人吃惊的科学发现。大量研究证明，无论对于情感还是身体，欢笑都能降低我们的压力水平。

生物学的好处

科学已经发现，欢笑可以触发许多可以降低压力的生理效应。大笑过后，你的身体自然会感觉更放松。血压和心率都下降，这让你感觉更平静。大笑可以产生以下生理效应。

- **减少**压力荷尔蒙皮质醇的释放。
- **释放内啡肽。**这种神经递质是大脑自然产生的止痛药，能够增加对疼痛的耐受性，提高快感，让人乐观而有信心。
- **释放血清素。**这种神经递质有助于减少焦虑和抑郁。
- **增强免疫系统功能**（见下面"最好的药物"）。

压力会严重损害我们的福祉，笑声却是强有力的解毒剂。享受生活中的幽默，会改善我们对压力的感受。

🔍 欢笑是最好的药物？

压力可以削弱我们的免疫系统（见第20~21页），而笑声有助于其恢复和加强。2003年，美国进行了一项研究，让参与者观看幽默视频。与观看非幽默视频的人相比，那些人报告的压力水平下降了。在接下来的四天里，他们的免疫细胞活动显著加强。

欢笑逐走痛苦

2011年，在英国的一项研究中，那些观看喜剧大笑的人比仅仅享受幽默的人能更久地把手放在冰冻的酒柜中，这要归功于内啡肽。如果正处于疾病或伤痛的压力中，看一些有趣的事会让你分散注意力，使你更能忍受疼痛。

用欢笑应对压力

压力常常被定义为我们无法应对生活挑战的那种感觉，而笑声可以把我们的压力降低。2010年，美国进行了一项研究，让受试者看一组可能令人不快的照片，然后要求他们用以下三种方式之一重新描述。

■ **毫无幽默感：**例如，海鲜厂里去除鱼内脏的人的照片，被严肃地描述成"他很幸运，有一份好工作"。

■ **消极、带有轻蔑的幽默：**"鱼厂对有体臭的人来说是一个理想的工作场所。"

■ **积极、和善的幽默：**"他总是想和动物一起工作。"

研究结果表明，那些喜欢开积极玩笑的人，受照片影响明显较小，包括那些更加令人痛心的镜头。研究人员总结，欢笑可以理解为认知重构的一种形式（见第52～53页），是减轻压力最有效的方法之一。

一起欢笑

欢笑可以加深友谊。2000年，美国神经科学家罗伯特·普罗文（Robert Provine）发现，当一群人一起大笑时，只有10%～20%的笑声是为了回应实际的笑话，甚至这个笑话往往不是很好笑，而每个人因为高兴团结在一起。这只是因为有别人在场，而感觉气氛更幽默。正如普罗文所说，"激发笑声的关键是另一个人，而不是玩笑本身"。一起欢笑把我们凝聚在一起，社会联系纽带能够有力地帮助我们抵御压力（见第176～179页）。

幽默是主观的

我们的幽默感有很强的主观性。许多研究表明，当感觉对生活有控制力时，我们的精神和身体健康就会得到改善，而压力会使我们感到控制力减弱。欢笑是一种力量，当我们选择笑对环境时，会感到拥有更好的控制力、更少的无助和更强的应对力。

欢笑能够带来有趣的生活。1996年，美国的一项研究发现，那些选择观看幽默电影的术后病人，比不看幽默电影的人需要的止痛药更少。然而，最糟糕的病人是那些不得不看他们并不觉得好笑的"喜剧片"的人。

欢笑有益健康，我们需要发现让我们觉得好笑的幽默。不管我们的幽默感有多么特别，欢笑总能使我们感觉更好，无论精神还是身体，并因

✓ 建立幽默资料库

幽默专家、斯坦福大学精神病学和行为科学名誉教授威廉·弗莱（William Fry），建议采用以下两个步骤建立自己的"幽默资料库"。

1 观察一段时间，留心什么能让自己笑出声来。笑声是重点，与品位高低无关。所以，即便粗俗的俏皮话或愚蠢的卡通，只要能让你咯咯笑，就记住它们。

2 根据自己的喜好建立个性化图书馆，包括书籍、电影、漫画或任何能让你发笑的东西。当感到压力时，看看自己的个性化资料库，有助于减轻负担。

此感觉和他人更加亲近，同时有助于减压。

从生物化学到认知层面，欢笑是一种极好的抗压力源。在尝试时，要看到我们的处境中有趣的一面，甚至为无关的东西发笑也会让你感觉更好。

我们一起欢笑。
我们共渡难关。
我们会一切变好

苏菲·斯科特（SOPHIE SCOTT），

神经科学家和单人喜剧表演者

创造力
用艺术战胜压力

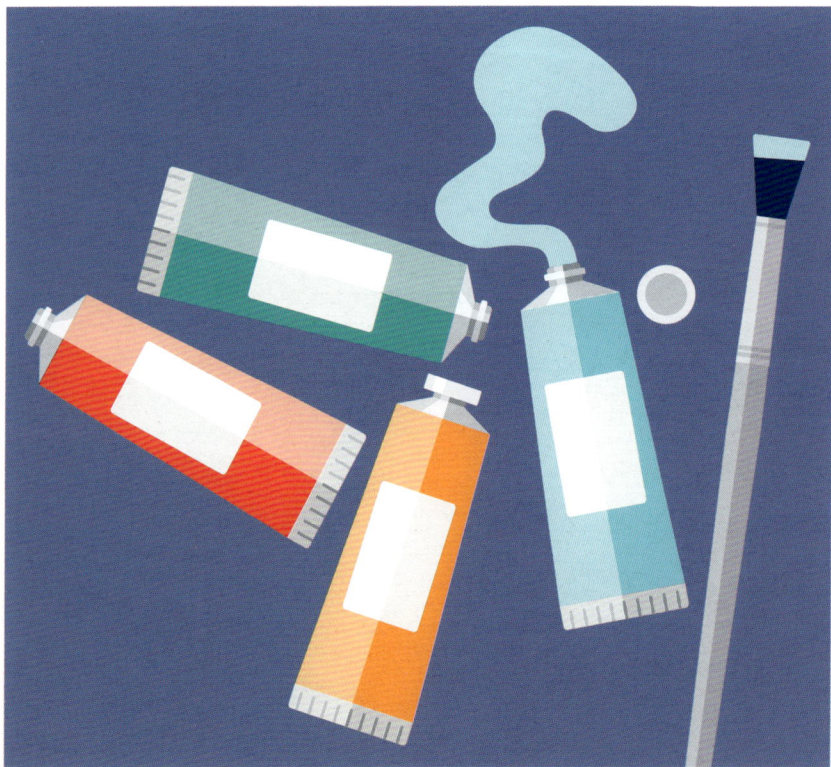

并非只有伟大的艺术家才能致力于艺术事业，任何想拿起蜡笔、钩针、刻刀或大提琴的人都可以享受创造带来的减压效果。当压力销蚀我们生活中的欢乐时，创造性的游戏可以帮助我们重新获得快乐。

准备开始

许多人对创造性活动感到畏惧，也许是担心自己缺乏天赋，或者更喜欢欣赏别人的创造，而非真正参与到创意活动中。幸运的是，我们不需要任何特殊技能，就能体验创造的好处。只要有创造行为就行，也就是做自己的事情。2016年，在美国的一项研究中，实验者给受试者艺术品材料，告诉他们可以做任何东西。四分之三的人经过45分钟的艺术自由发挥后，皮质醇水平明显下降，即使他们没有艺术创作的经验。事实上，接近

你是艺术家还是有创造力的人？无论答案肯定与否，创造性的体验被证明是消除压力的好办法，也会让你更有韧性。

Q 填色

近年来，成人填色书籍的热度激增，但选择不同图片产生的效果可能不同。2012年，美国的一项研究发现，当人们对不同图案填色，比如曼陀罗（圆形象征符号）、格子图案或一张空白纸，曼陀罗组的焦虑水平下降显著。如果填色可以缓解压力，那么就选择看起来平缓的图像。

🔍 忍受区间

2010年，美国精神病学家丹尼尔·西格尔提出，我们的压力水平受"忍受区间"约束，忍受区间是我们处于紧张情绪中的最佳反应区，既不觉得无聊，也不会激动。对于那些容易受情绪影响的人，创造性活动可以让他们体验和表达情绪，从而增强对压力的忍受度。

无　聊	忍受区间	太多刺激
❯ 沉默寡言 ❯ 不投入 ❯ 不活跃	❯ 投入 ❯ 充满兴趣 ❯ 有深刻见解	❯ 焦虑 ❯ 慌乱不安 ❯ 压力

一半的人完全是初学者。（然而，余下的四分之一人中，有些人却表现出皮质醇水平升高。如果艺术尝试使你感到压力更大，那就不要强迫自己。）

积极的压力源

创造性可以减轻压力，并非仅仅来自轻松的活动。相反，创造性活动属于具有挑战性的积极压力，需要增加大脑的活动量。这种积极或有益的压力会激励我们继续下去，增强我们的韧性（我们能够承受的压力）。通过让自己面对积极压力的挑战，美国精神病学家丹尼尔·西格尔（Daniel Siegel）所称的"忍受区间"（见上文）得以扩大。

当然，你可能生来就有天赋，但如果不是自己所希望的，也不要因此气馁。无论选择什么样的方式，蛋糕装饰、书法、歌曲创作，还是焊接或创造性的实践和表达，都可以提高自己的压力应对水平。

> 创造性活动可以对心理健康产生**治疗和保护**作用……增强免疫系统，**减轻压力**。
>
> **吉尔·莱基**（Jill Leckey）
> 英国健康学家

🔍 积极循环

新西兰2016年的一项研究也可以说明创造性活动的作用，该研究被称为"向上的幸福螺旋"。学生在13天的活动中坚持记录日记。当头天做了一些有创意的事情时，他们表现得更加"兴致勃勃"，感觉良好，觉得自己有能力，而不是感到有压力和焦虑。这反过来又让他们觉得自己更具创造力。

创造性螺旋

4 **创造**更多

3 **感觉**更有活力和能力

2 **体验**专注、热情和幸福

1 **做**一些有创意的事情

学生活动包括作词、作曲、针织、烹饪、绘画，以及进行图形和数字设计，还有音乐表演。你可以通过选择一个感兴趣的创造性活动来创造自己的上升螺旋。

宠物的力量

动物可以让人心平气静

拥有宠物可以大大提高生活质量和降低压力水平，许多人对此都有亲身体会。如果还没有宠物，觉得自己能够承担照顾它的责任，那养个宠物是帮助自己获得平静和放松、觉得自己有能力的好办法。

宠物使人更平静

不仅与宠物在一起可以令人感到放松，即使分开，对宠物的拥有仍然有助于消除压力的作用。2002年，美国进行了一项研究，让测试者进行紧张的数学测试，并测量他们的心率和血压。下面是拥有猫或狗的人在实验中表现出的一些相关生理反应。

- 在实验开始前，静息血压和心率都较低。
- 在测试中，心率没怎么增加，血压较低。
- 在测试结束后，恢复静息心率和

与宠物玩耍是生活中最大的乐趣之一，这就是它们令人心平气和的原因。研究证实，拥有宠物（或与别人的宠物玩耍）可以显著降低压力水平。

> 宠物狗或猫能**减少**潜在的**生活压力**对人的影响。
>
> 黛博拉·威尔斯
> （Deborah Wells）
> 爱尔兰心理学家

血压。

研究者发现，即使宠物不在场，这些影响也是存在的。仅仅拥有一只狗或猫就足以让人平静。当宠物被带进房间时，效果更加明显，受试者在测试数学时的出错率更低，身体感到的压力更小，在解决考试带来的问题时能够更加集中精力。

改善生活质量

有宠物相伴，在短期内可以使人身心放松。有证据表明，宠物通常可以使生活更加健康和平静。2015年，澳大利亚和美国的一项研究发现，这些国家超过60%的家庭拥有一个或更多的宠物。拥有动物可以让人们参加社区活动，得到接触他人的机会。调查数据显示，约40%的宠物主人通过宠物结识到为他们提供社会支持的人。宠物狗的效果特别显著，其主人获得支持性朋友的可能性是其他宠物的三倍，而所有宠物主人都能从中受益。

这些宠物创造了研究者所说的"附带的社会互动"效应，即可以结识通常不会遇到的人，以及开启共同感兴趣的话题。通过交流宠物故事和相关建议，能够与对方形成有价值的纽带，这些纽带有时会转化成可以缓解压力的友谊（见第176～179页）。

多与动物相处

即使并不拥有宠物，只要与动物接触就能够提高我们的幸福感。例如，在意大利2011年的一项研究中，住在养老院的老年人每周可以和狗一起玩耍90分钟。这种经历特别有益，老人6周后的抑郁症状减少了50%。他们对生活质量的自我感知得到了极大改善。

如果无法养宠物，你就停下来与朋友的宠物玩一玩，也可以让你感到更加放松。无论哪种方式，从减压的角度讲，与动物相处的时间非常有意义。

🔍 不只是毛茸茸的动物能够减压

我们可能认为只有毛皮动物或毛茸茸的动物才能减压，科学发现并非如此。2003年，在以色列的一项实验中，研究者故意告诉对蜘蛛恐惧的人必须手持狼蛛，使他们产生压力，然后让他们轻轻抚摸兔子、海龟或玩具动物。那些抚摸真正动物的受试者比抚摸玩具的受试者表现出更低的压力水平，无论抚摸的是毛茸茸的兔子还是硬壳龟，即使他们不是特别喜欢动物。任何动物都可以消除他们的压力（狼蛛除外）。

❌ 无法入睡？

如果压力影响了你的睡眠，养宠物可能不太有利。2014年，英国的一项调查发现，54%的狗和猫的主人称他们的睡眠比需要的少，因为宠物过早叫醒了他们。如果失眠对你来说是一个严重问题（见第162～165页），为避免每天清晨被宠物叫醒，不妨考虑其他减压方法。

🔍 太可爱了！

你面临压力重重的挑战吗？2012年，日本一项实验对一些人做精力集中度测试。实验者给受试者看小狗和幼猫的照片，再次对他们进行测试，第二次测试的结果会比第一次好10%。研究人员推测，更多"关爱"的感觉使他们观察得更加仔细。当面临有压力的任务时，这是一种优势。

一切都靠自己吗

孤独的压力

人类是社会性动物，我们需要感觉到彼此之间的联系。如果缺乏这种联系，我们就会变得有压力。研究表明，我们对孤独的控制能力比想象中更强。

孤独是主要的压力源。2003年，美国的一项研究发现，被拒绝和身体疼痛在大脑中是相同的反应区，被孤立的感觉确实很让人受伤害。同样，朋友或家人的支持也能够帮助减轻疼痛。大量研究表明，孤独与精神和身体疾病风险高度相关。解决孤独问题可能是一种控制压力水平和整体健康的最佳办法。

孤独而不孤单

当孤独的时候，你很容易认为没人会在意你。如果心里清楚这种感觉与自己是否有吸引力无关，那会有助于保持自尊心。2000年，美国的一项研究发现，那些自称"孤独"的本科生在身高、体重、学业成就、吸引力或社会经济地位方面与"不孤独"的同龄人并无不同。更重要的是，他们都有很好的社交关系。换言之，在相同的社会环境下，人们对自己境况会有非常不同的情绪反应。如果我们能培养出更积极的反应，孤独的压力就会相应地减少。

变得不再孤独

当我们在一个满是人的房间，或者有很多朋友在身边时，为什么会感到孤独呢？美国心理学家和社会神经科学家约翰·卡乔波（John Cacioppo）发现，那些负责检测社会威胁（如轻视、拒绝或排除）的大脑区域展现出高度警惕性的人，可能比其他人更感到孤独。

卡乔波建议，孤独的人应该采取认知行为疗法（见第52～53页），挑战"非适应性社会认知"。例如，如果你发现自己对一个朋友未接自己电话反应过度，就要问问自己的反应是否合适。

> 人们可以过着相对**独来独往而不觉得孤独的生活**，也可以过着表面丰富而内心孤独的生活。
>
> 路易斯·霍克利（Louise Hawkley）和约翰·卡乔波
> 美国心理学家

❓ 利用社交媒体

我们有时很孤独，因为我们生活在远离最爱的人的地方，社交网站可能是我们经常接触的最简单的选择。但是，这会让我们或多或少地感到在与他人联系吗？根据美国社会心理学家莫伊拉·伯克（Moira Burke）的数据，这取决于我们如何使用社交媒体。

被动使用
仅仅阅读别人的帖子，会让我们感觉很少与他人联系。其他人的生活往往看起来比我们自己有趣（至少在社交媒体上），这也使我们感到被遗弃。

一键式交流
比如点赞，对我们的孤独感或与他人联系的紧密度没有什么影响。点赞没有太多的社会交流，所以不会产生太多的情绪影响。

发朋友圈
对并非心中特定的人群张贴信息，会让我们感到更加孤独。我们没有与任何人联系，只是希望有人响应，而响应可能出现，也可能不出现。

文字沟通
发送书面信息或在线聊天，这使我们感到不那么寂寞，因为这是真正的社会交流。

空间隔离会产生压力。如果你生活在一个不能经常和朋友、家人面对面的环境中，互联网有时候可能是保持联系的最实际的选择。在这种情况下，"文字沟通"可以使你与家人的联系保持畅通。

这种对认知的重新评价不仅让自己感觉更好，而且提高了我们的社交能力。正如美国心理学家盖伊·温奇（Guy Winch）指出的那样，孤独会使我们的防御心理过重，这会阻止我们与他人交往。让过度警觉缓解会让自己感到压力更小，与人相处更容易，从而带来更多的社交关系和更丰富的情感体验。

✅ 自由自在

美国心理学家和孤独研究专家盖伊·温奇推荐了三个步骤来打破孤独的压力困境。

1 采取主动行动。和好久没见的人取得联系。如果感到孤独，寻找参加社区活动、志愿者团体或其他活动的机会，结识别人。

2 每天有意接触一个潜在的联系人，如果对方没有反应，不要放在心上。

3 乐观积极。害怕被拒绝是正常的，但表现得越友善，你与别人联系的机会就越多。

如果你习惯孤独，接触别人可能会有压力，但只要坚持不懈，就可能发现与人接触很快会成为一种乐趣。

坚韧的艺术

坚持和激情

生活挑战带来的压力让人感到难以抗拒。但是，几乎可以肯定，你比自己想象的更加强大。研究证实，几乎每个人都有心理学家所称的"坚韧"品质。也就是说，这是性格赋予的勇气和力量，在困难情况下坚持下去，创造自己想要的生活。

坚韧是天生的吗？

　　坚韧的品格能够遗传吗？2016年，英国的一项研究表明并非完全如此。研究人员发现，遗传对这种品格只有适度影响。更重要的是，我们在本书讨论的内容是可以后天学习或培养的：充满希望，愿意采取任何有效应对策略，觉得生活有意义，对未来充满好奇。面对压力，保持开放和积极的心态至关重要，所有这些品质都可以后天培养，与基因无关。

坚持不懈

　　既然积极品质能够帮助我们培

　　你想成为谁，你想从生活中得到什么？压力会让我们感到不知所措和气馁，而坚韧的心理素质可以帮助我们渡过难关。

> 像跑**马拉松**一样，性格坚韧的人坚持追求**成功**，他们的最大优势是**耐力**。
>
> **安吉拉·达克沃斯**
> （Angela Duckworth）
> 美国心理学家

养坚韧的品格，那么哪些品质最重要呢？2007年，美国进行了坚韧如何帮助我们实现目标的研究。这项研究得出了一些有趣结论。

1 **毅力**和智力都很重要。即使对法律或医学等智力要求很高的职业来说，毅力至少和智商一样重要，而且两者都比教育更重要。

2 **尽责性**是五大性格特质的关键（见第30～31页），责任心强而又坚韧的人不仅能完成手头任务，而且能长期坚持自己的目标和理想。如果你属于神经质，也就是情绪高度不稳定（即很容易被困扰）的人，因苦恼感到气馁，你可能认为自己不那么坚强。事实上，情绪高度不稳定的人可以和情绪稳定的人一样坚强。总之，面对压力，你比自己想象的更加坚强。

3 **你想从生活中得到什么？**了解这点很有帮助。那些有严肃的长期兴趣的人，也就是说，他们关心的事情赋予了其生命意义（见第44～45页），这使他们在面临挑战时能够更好地坚持。

我们不能完全摆脱压力，但有明确的目标和勇气，可以活出最好的自我。

🔍 变得更加坚强

对那些渴望变得坚韧的人来说有个好消息，根据2007年美国的研究结论，人的毅力随着年龄增长而增长（见第102～103页）。生活总会给我们带来挫折和压力，而当我们去应对时，实践会磨炼我们的意志。我们可以从经验中吸取教训，克服压力可以让我们变得更加强大。

> 坚韧是对长期目标**充满激情**，尤其是在遇到**障碍**和**逆境**时。
>
> **丹·布莱洛克**
> （Dan Blalock）
> 美国心理学家

❓ 你有多坚韧？

心理学家使用的坚韧量表可以很好地衡量自己的习惯：你是否有信心在压力下追求自己想要的生活，或者是否需要做出一些改变？看看你是否同意下面这些说法。

- 我不太会因挫折而气馁。
- 我可以把重点放在一个长期项目上。
- 一旦认定一个目标，我就不会轻易失去兴趣。
- 我想自己是勤奋的人。
- 新的想法和项目不会让我从目前的工作中分心。
- 我有始有终。

思考生活中真正重要的是什么（见第44～45页），排出优先顺序（见第146～147页）将能够帮助你更好地管理压力，成就最好的自己。

CHAPTER 5
RESILIENCE AND RESOLUTION

FINDING SUPPORT AND BUILDING STRENGTH

韧性和解决方案

寻求支持和更加强大

感觉不舒服

压力引发的身体症状

如果压力太大而无法承受，最先的反应症状有时会出现在身体上。身体是由相互关联的系统组成的复杂有机体，有时会以意想不到的方式对压力做出反应（见下页）。自我诊断从来都不是明智之举，如果有疑问就去看医生。但是，如果你正承受巨大压力，而且身体出现无典型特征的症状，要意识到无论在精神还是身体上，让你感觉好些的关键可能是控制好压力。

寻求帮助

压力可能是导致身体出现状况的原因，这并不意味着你认为它们"只是压力"而置之不理，不做任何治疗。事实上，情绪状态可能是问题的根源，这并非说你的症状是虚构的，它们是真实存在的，应该受到真正的关注。家庭医生、理疗师和良好的自我护理都能让自己感觉更好。

✓ 根源在大脑

如果医生告诉你身体症状可能是由压力引起的，你会不会认为"他们不相信我，说一切都是大脑引起的"？在现实中，你的思想、情绪和行动都是大脑活动的结果。因此，任何来源的痛苦都和大脑有关，这是真实的。

压力可能导致各种意想不到的身体问题。身体有时候会向大脑传递信息，你对这个信息越了解，就越能对其做出有效反应。

❓ 头痛吗?

最常见的头痛是紧张性头痛,这是压力的特征。典型的紧张性头痛在下面这些身体部位会有体现。

- 背部上方
- 脖子
- 后脑
- 耳朵周围或上面
- 下颌骨关节
- 眼眶上方

从长期来看,锻炼、正常睡眠、减轻压力水平有助于预防紧张性头痛。如果容易发生这种头疼,短期内可以考虑采取下面这些措施。

√ 休息,在黑暗和安静的环境下。

√ 将冰袋(或热袋,如果愿意)敷在疼痛点上。

√ 进行温暖的淋浴,引导水流射向酸痛肌肉。

√ 按摩感觉紧绷的地方。

√ 出现疼痛症状,尽早服用标准剂量的非处方药。

如果这些措施都没有帮助,考虑咨询医生。

紧张性头痛发生的区域

常见压力引发的疾病

你的身体对压力的反应,以及多大压力会引发身体出现症状,是高度个性化的问题。2013年发表在《哈佛大学精神病学评论》中的一张表格,提出了要注意的一些问题。如果这些听起来熟悉,当你去看医生时,把压力作为一种可能的病因提出来。

症 状	症状解释
睡眠障碍和疲劳	交感神经系统因压力而活跃(见第20~21页),使我们清醒,导致失眠和睡不安稳(见第162~165页)。
频繁感染	皮质醇这样的压力荷尔蒙对免疫系统有抑制作用(见第54~55页),如果小病不断,如咳嗽和感冒,这可能是对压力的反应。
哮喘发作或皮疹/湿疹	当免疫系统被抑制时,我们就会变得对过敏原非常敏感。压力也使我们更容易感染炎症,导致患上皮疹和湿疹。
假性神经症状	与压力相关的过度换气综合征(见第129页),症状容易与神经系统的问题混淆。常见的例子是头晕、迷失方向、眼睛模糊或有阴影、视野收缩、眼冒金星、记忆丧失和昏厥。
胸痛	胸痛表明心脏可能有问题,不应忽视,这也可能是由与压力有关的肌肉紧张(见下文)、焦虑或恐慌(见第204~207页)引起的。
肌肉骨骼疼痛	在压力下,肌肉一直处于警戒状态,会变得紧张和酸痛,这会导致头部、颈部和背部疼痛。
恶心/呕吐	压力会使肠道变得高度敏感,并引发与食物中毒或肠胃感染相关的反应。
腹痛	急性压力会刺激肠道收缩,从而导致腹泻和痉挛。
排尿困难	保持膀胱密闭的括约肌会因压力而受到过度刺激,当过于紧张时,会难以放松。

心底的大灰狼

走出童年受虐的阴影

在脆弱的童年里，我们需要安全感。如果不幸被疏忽大意或令人恐惧的成年人抚养长大，我们成年后在管理压力方面可能需要额外帮助。

不幸的是，太多人经历了痛苦的童年，而且可能产生严重的长期后果。2012年，美国发表的一项研究表示，研究者跟踪了6000个受虐儿童长达16年，精神疾病、药物滥用和自杀未遂在他们中间的发生率明显较高。如果童年处境艰难，你可能发现应对压力对自己来说特别有挑战性，但也可能因此提高应对能力。

童年不幸的影响

根据上述研究，紧张的童年环境可以产生"表观遗传"的改变。进一步解释一下，基因决定我们是谁，决定我们所有的个人特征，如眼睛的颜色、身高和性情。某些基因在特定时间被打开或关闭，如青春期或怀孕期间。受虐或被忽视可以激活有些基因，使我们更容易出现药物滥用、抑

1/5

受虐可能带来隔离感。20世纪90年代后期，美国进行的一项有影响力的研究发现，**5人中超过1人**在童年时期经历过创伤。

> 受虐像一把凿子，
> 塑造大脑应对
> 冲突，其代价是**深刻
> 而持久的创伤。**
>
> 马丁·H. 泰彻
> （Martin H. Teicher）
> 美国精神病学家

郁、焦虑和危险行为，比如不受保护的性行为或违法行为等，这会带来更大的压力。然而，受虐的童年并不意味着必定有压力大的成年。你可以通过以下行动来帮助自己。

关爱健康

童年受虐的人，成年后更容易生病。2016年，美国的一项研究发现，受虐儿童幸存者免疫力往往低下。善待自己的身体，从良好的饮食（见第158～161页）和定期运动开始（见第152～153页），这些都有助于身体健康。

寻求支持

一些受虐幸存者非常有韧性，这得益于支持性的人际关系，这一点对我们的健康至关重要。正如美国儿科教授大卫·鲁宾（David Rubin）在2008年观察所得，这些幸存者都有以下三个关于自己的信念。

1 我身边的人会帮助我。

2 我是这样一个人，能够得到人们的喜欢和爱。

3 我能找到解决问题的方法。

如果你在一个充满创伤的环境中长大，就很难相信别人。对自己要有同情心，而且要接受这样的现实，信任别人是一种挑战。然后，努力将你的需求传递给周围的人，一起建立安全感。

寻求帮助

如果过去的痛苦使你难以过上想要的生活，不要羞于寻求帮助。以下许多选择可供考虑。

- **看心理医生**。谈话疗法、正念或灵修，有助于培养应对技能和韧性。
- **寻找**为当地受虐幸存者设立的**求助热线**。
- **寻找幸存者团体**或在线咨询网站。提供帮助的人是不同的，相信自己的判断，只有感到受欢迎和安全时再继续下去。
- **去看家庭医生**，以免过去的经历把自己压垮。你可能需要更多支持，才能继续生活下去。

童年时期不应该受到虐待，成年后更不应该因此而痛苦。

? 强烈的情感

童年压力会使人的情感"封闭"。在良好治疗支持下，你可能发现自己情感被打开，开始重新浮现，而且可能出人意料地难以控制。美国心理学家艾伦·麦格拉斯（Ellen McGrath）指出了四种常见的体验。

- **涓涓细流**

   情感缓慢而稳定地产生，容易管理。

- **肇事逃逸心理**

   情感极其强烈，几乎要把我们压垮，非常害怕而选择逃避。但是，这种感情还会出现，因此需要治疗师的良好支持，以帮助我们应对。

- **海啸**

   被压抑的感情强烈冲击，感觉快要被淹没了。但是，当情感波动消退时，我们发现自己仍然活着，而且更好，因为我们在这个过程中释放了自我。

- **过山车**

   我们了解自己的感受，但那些感情不断上下起伏。正念（见第132～135页）和运动（见第152～153页）可以帮助我们保持稳定。

关爱自己

精神疾病的事实与虚构

无论环境如何，每个人都可能患上精神疾病。如果因为压力而生病，多了解一些关于精神疾病的知识，可以帮助自己消除可能产生的耻辱感，有助自己走上康复道路。

过去，人们常常误以为精神疾病是软弱或性格缺陷的反映，但研究清楚地表明，精神疾病确实是一种疾病，就像其他疾病一样。如果认为压力可能让自己生病，本章提供的信息可以帮助你认识到精神疾病通常与压力有关，然后决定如何来关爱自己。永远不要害怕寻求医疗帮助，心理健康是保证快乐、健康和有意义的生活的关键。

什么导致精神疾病？

精神疾病的原因是复杂的。从广义上讲，心理健康问题源自"生物心理社会"问题，这意味着心理健康问题是生物（如遗传、荷尔蒙、大脑神经）、心理（如脆弱性和应对技能）和社会困境（如贫穷和孤立）综合作用的结果。

没有人希望永远生活在不舒服的状态中。提高应对技能有助于恢复健康，如服用药物和治疗（见第208~209页），医生将精神疾病描述为"功能"障碍。重要的是要理解，精神健康不仅与承担工作和家庭责任有关，还与享受生活的能力有关。如果表面看起来很好，但在情绪上非常痛苦，你就应该寻求帮助。

记住要点

每种疾病都有专门的治疗过程，但在寻求帮助时，也要记住一些适用于所有人的基本原则。

√ **重要的是**，医生要让你感觉到他在倾听并能够理解你。如果觉得没有被认真对待，就去找别的医生。

√ **治疗师**应该有渊博的知识和治疗你这种特殊疾病的经验，要非常适合你（见第208~209页）。

√ **精神疾病**和创伤可以使免疫系统功

🔍 危险因素

2014年，英国国民保健署发布报告，指出导致精神疾病的特殊危险因素。

- **独居**

- **身体健康状况不佳**，特别是正患有哮喘、癌症、糖尿病、癫痫、高血压等重大疾病的人。

- **失业**

任何人都有可能在人生某一刻患有精神疾病。如果你是这样，不要感到羞愧，因为你并不孤单，应该得到帮助。

精神疾病有多普遍？

精神疾病是我们正常生活的一部分。2014年，英国国民保健署估计，**6个成年人中有1人**患有通常意义上的**精神疾病**。

1/6

2015年，根据美国的全国性调查结果，大约**5个成年人中有1人**正经历精神疾病的困扰。如果你怀疑自己是其中之一，那确实很有可能。

能下降，身体也会出现相应症状（见第196～197页）。如果医生认为你的身体症状是由精神健康问题引起的，这意味着症状不是虚构的。如果你的确感到痛苦，就应该正视，进行治疗。

治疗精神疾病是非常有压力的，所以要确保那些支持你的人是帮助缓解压力的合适人选。

🔍 传言与真相

误解和传言会使精神疾病患者的生活更加紧张。就像患上其他疾病一样，更好地理解精神疾病能帮助你更好地面对它。

传言： 精神病人是软弱的。

真相： 即使最强壮的人也会生病。与精神疾病做斗争的人会经历巨大的痛苦，而且可能做出让别人觉得奇怪的举动；他们可能为此感到尴尬。重要的是要记住，精神疾病不是病人的过错。

传言： 精神病人无法对社会做贡献。

真相： 精神病人能够工作，而且在社区中发挥积极作用，为家庭提供支持。如果疾病严重得使生活更加困难，这表明可能需要新的治疗方案或更多的支持。但是，没有理由因此认定精神病患者需要依靠他人施舍，而大多数患者会对社会做出贡献。

传言： 精神病人具有暴力性，是社会威胁。

真相： 精神病患者并不比其他人更具暴力性。事实上，他们更可能是暴力的受害者，而不是施暴者。2012年，英国的一项调查发现，患有精神疾病的人受到攻击的可能性是其他人的4倍。普通人没有必要因为他们正在接受精神疾病治疗而感到害怕。

传言： 精神疾病无法治疗。

真相： 精神疾病不会自行消失，简单期待"摆脱它"是不切实际的。随着得到支持和及时的、适当的治疗，大多数人能够恢复，过上自己想要的生活。

（关于寻求正确的帮助信息，请见第208～209页。）

直面抑郁症

情绪低落和抑郁

压力有时是一时的不快，有时会跨越红线转化为疾病。如果开始感到生活无望，你可能需要考虑压力是否已经导致了临床抑郁症。

临床抑郁症不仅是感到沮丧，它还是一种医学疾病，可以消耗你的能量，让你失去人生兴趣和快乐生活，可以持续数月甚至数年。2005年《临床心理学年刊》的一篇评论指出，慢性压力和临床抑郁症之间存在"强烈的因果联系"。如果认为自己的压力已经超过了临界点，而且自己变得很沮丧，寻求帮助就至关重要了。

抑郁症与情绪低落

抑郁症和情绪低落有什么区别？抑郁症有一些已知症状（见下页"我有抑郁症吗？"），但要特别警惕两个警告信号。

- **抑郁症会导致悲伤**和快感缺失，对以前喜欢的活动失去兴趣，比如见朋友或业余爱好。
- **抑郁症有时会导致自杀想法**，也就是说，你在想，死比活着更好（见下页"最坏的情况"）。

对于压力，你可能找到明确的理由，如工作超负荷或人际关系问题，而快感缺失和自杀想法是明显的抑郁症特征。如果你不能确定自己是否抑郁，最好还是和医生谈谈自己的感受。记住，你并不孤单。2017年，根据世界卫生组织的一份报告，全世界有3亿多人患有抑郁症。

抑郁症有多常见？

2005年，根据一项国际调查，至少有30%的男性和40%的女性在人生**某个阶段患有抑郁症**。

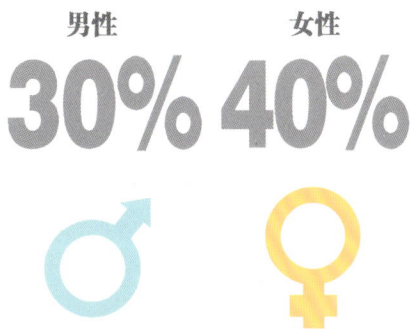

男性　　女性
30% 40%

什么导致抑郁症？

根据斯坦福医学院的数据，大约50%的抑郁症来自遗传，如果父母或兄弟姐妹中有人患有抑郁症，我们患抑郁症的可能性比正常人高2～3倍。早年的创伤经历也会使人更加脆弱。

压力本身并不会导致抑郁症，但对脆弱的个体来说，压力可能在病情发展中起到重要作用。抑郁症可能成为慢性疾病，在发展过程中，触发抑郁症所需的压力水平在不断降低。最终，抑郁症可能出人意料、不需要任何压力就被触发了。

如果你易于抑郁，那么更需要认识到压力的影响，因而要锻炼自己更有效地管理压力。

好消息

抑郁症的治愈率很高，有许多可以选择的治疗方案。

❓ 我有抑郁症吗？

在过去两周里，你是否经历过以下任何一种情况？

- 感觉情绪低落、生活无望、生气或不快乐。
- 不再享受过去曾带给你快乐的东西。
- 睡眠困难或睡眠太多。
- 食欲有问题，吃太多或太少。
- 缺乏精力。
- 感觉自己一文不值或失败。
- 无法集中精力。
- 迟钝或烦躁不安。
- 觉得死了会更好（见右边"最坏的情况"）。

即使你只经历过其中一些问题，最好还是找医生谈谈。

- **抗抑郁药**有很多种选择，重要的是找到最适合自己的药物。医生可能尝试开几种不同药物的处方，然后找到最适合你的。
- **认知行为疗法**（见第52～53页）。研究发现，认知行为疗法可以像药物一样有效，尤其对轻度抑郁症效果很好。
- **其他形式的心理治疗方法**（见第208～209页）。
- **运动**（见第152～153页），特别是有强度的运动，可以带来像抗抑郁

ⓘ 最坏的情况

自杀想法是抑郁症最危险的症状之一。自杀想法可能是消极的（考虑或幻想死亡）或主动的（制订计划结束生命）。消极的自杀想法可能包括以下这些内容。

- 我希望明天早上不会醒来。
- 没有我，每个人都会过得更好。
- 我的生活结束了。
- 如果明天有车撞了我，并不会很糟。
- 如果不是为了所爱的人，我就可以结束这一切。

你可能沮丧，没有自杀的想法。但是，如果这些短语听起来熟悉，就立即寻求医疗帮助。

药一样的好处。它不能取代医药对重度抑郁症的治疗，但可以使治疗效果更好。

究竟何种疗法对你最有帮助，需要尝试并不断调整，有时必须采用药物组合疗法进行治疗。最重要的是，要知道不要在沉默中忍受煎熬，因为压力会导致抑郁症，即使对最坚强的人也是如此。如果能获得适当的支持，抑郁症患者是完全可以康复的。

管理焦虑

四种焦虑症

你在生活中感受到的压力和恐惧远比现实的真实情况更大？这可能因为你患有焦虑症。在这种情况下，你的自然恐惧反应变得过度，正在损害自己的生活质量。在一般情况下，压力本身带来的挑战非常大，而焦虑症会让人感到压力更加无法控制。如果感觉自己的恐惧可能失控，请一定寻求医疗建议，因为焦虑症很少能够不治而愈。在良好支持下，你可以重新找到对生活的掌控感。

发现问题

最常见的四种焦虑症是广泛性焦虑症、恐慌症、创伤后应激障碍和社交焦虑症。这四种焦虑症都非常令人不安。如果下面描述的症状，对你来说很熟悉，一定要寻求医生的帮助和建议。

每个人都有恐惧的时候，但如果恐惧占据了自己的生活，就可能患上焦虑症。一旦了解自己的处境，你就应该寻求帮助，不要独自面对焦虑。

> 焦虑是生理性的，**应对方式不同**，可以**减轻**，也可能恶化。
>
> **黛博拉·科沙巴**
> （**Deborah Khoshaba**）
> 美国心理学家

Q 广泛性焦虑症

广泛性焦虑症（GAD）主要表现为无法控制、侵入性焦虑，甚至轻微的日常压力都感觉大到无法处理。

下面是其主要症状。

- 过多焦虑，焦虑天数比不焦虑多，主要围绕几个主题，至少持续六个月。

- 焦虑难以控制。

- 至少与以下三种状况（儿童至少有一种）有关：躁动或急躁、很容易疲倦、难以集中注意力或头脑一片空白、烦躁、肌肉紧张、睡眠出问题。

- 它会造成巨大痛苦，或者使日常生活难以管理。

- 这些症状无法从其他身体疾病、药物治疗或药物滥用上得到更好解释。

- 没有其他精神障碍可以用来解释。

广泛性焦虑症很痛苦，但研究表明，谈话疗法、药物或两者结合的治疗效果很好。

发现症状

广泛性焦虑症难以和其他问题区分开来。2002年，德国的一项研究发现，在确诊的广泛性焦虑症患者中，几乎**每2人就有1人**首先抱怨的是**身体症状**。

47.8%

Q 恐慌症

恐慌症的特点是恐慌反复、无端地发作（见右边）。在极大的压力下，对令人烦恼的情况产生恐慌并不少见，而且可能发生在任何人身上。

如果属于以下情况，请寻求医疗帮助。

- 重复发作，无端恐慌。

- 害怕再次遭受恐慌袭击使你无法正常生活。例如，你不愿去某些地方或经历某种状况，认为那可能会令你恐慌。

这些都是恐慌症的主要症状，如果不治疗的话，会使生活变得非常困难。众所周知，恐慌症的治疗效果很好。研究表明，谈话疗法和药物同样有效。你可以和医生讨论，针对你的症状，选择一两种适合的治疗方案。

如何克服恐慌发作？

第一次恐慌发作时，你可能觉得自己要死了。如果事先能够料到这种情况发生，你就可以更好地应对。

1 **提醒自己，你是安全的。** 恐慌发作很可怕，但并不致命，而且很快会过去。

2 **消除干扰。** 坐下来，闭上眼睛，专注于你的呼吸。

3 **慢慢呼吸。** 屏住呼吸或过度换气都会使情况变得更糟。要缓慢而浅浅地呼吸或深呼吸，然后慢慢吐气。

4 **不要逃避。** 逃避是自然反应。但是，你因害怕惊恐在未来再次发生而有意回避，这可能成为一个严重问题。最好待在原地，不予理会，耐心等着事情过去。

恐慌症有多常见？

据美国和欧洲的联合调查估计，有**2%～5%**的人在人生某个阶段患有**恐慌症**，而医疗救助可以控制恐慌症的反复发作。

2%～5%

Q 创伤后应激障碍

创伤后应激障碍（PTSD）是由创伤性事件引起的疾病，这些事件有袭击、事故、难产或军事战斗等。在此期间，一个人经历了强烈的恐惧、无助或惊骇，无法将压力降低到创伤前水平。并非所有经历过创伤性事件的人都会患上创伤后应激障碍。2015年，据《英国医学公报》综合报道，是否患上创伤后应激障碍与创伤后两个最具决定性的因素有关。

■ **缺乏社会支持**（见第176~179页）。

■ **缺乏**康复所需的**低压力环境**。

如果你经历了创伤性事件，首先要考虑寻找一个平静和能够提供支持的避难所，而不是立即去咨询。2002年，荷兰的一项分析发现，创伤后进行心理分析更易使人发展成创伤后应激障碍。最初阶段最好是做好自我照顾，让自己与能够提供支持的家人和朋友在一起，尽量通过参加其他积极活动来分散自己的注意力。

如果下面这些症状持续几个月以上，请寻求医疗帮助。

■ **持久的想法**、图像、梦境、幻觉、创伤性闪回或强烈的情绪困扰，不断提醒这一事件（包括人和地方）。

■ **希望回避**讨论或提起这一事件。

■ **以下情境中的至少两个：**

❯ 无法回忆事件的某些部分。

❯ 对事件起因或后果持续夸大的想法。

❯ 对自己、他人或世界持有消极信念。

❯ 对通常的或重要的活动失去兴趣。

❯ 感觉与他人分离或疏远。

❯ 持续无法感受到积极的情绪。

❯ 愤怒、鲁莽、自我伤害、高度警觉、易变、注意力不集中或失眠。

创伤后应激障碍不会让你变成懦夫。 这是一种真正的疾病，可以治疗。专注精神创伤的认知行为疗法和一种名为眼动脱敏和再处理（EMDR）的疗法，由训练有素的专家进行，已被证明有良好效果，可以减少创伤后应激障碍的症状。

什么人会患上创伤后应激障碍？

7% ~ 8%

根据美国国家创伤后应激障碍中心的数据，**10%的女性和4%的男性**，在人生某个阶段出现过创伤后应激障碍。研究表明，儿童的发病率可能更高。

Q 社交焦虑症

害羞不是精神疾病，但如果对社交的恐惧使你感到无法工作、社交或建立良好的关系，你可能患有社交焦虑症（SAD）。其主要特征有下面这些。

■ 对自己可能被评判或拒绝持续感到恐惧。（那些来自特别强调相互依赖文化的人，也可能害怕自己会让与之交谈的人尴尬。）

■ 知道这种恐惧是过度反应，但仍然回避社交场合或认为社交是痛苦经历。

■ 这种焦虑会对自己的生活和健康有很大影响。

2011年，美国的一项研究发现，有社交焦虑症的人（不要与季节性情感障碍混淆）在工作场所表现出的问题最多，而且失业的可能性也是其他人的两倍。药物和心理治疗被认为是有效的治疗方法。

警示

26%

2013年，美国的一项研究发现，26%的焦虑症患者有自杀念头。如果你有这样的念头，请**立即寻求医疗帮助**。

▶▶ 我该怎么办？

首先要去看医生，医生会建议对焦虑症采用什么样的疗法。尽管最有力的研究证据支持认知行为疗法（见第52~53页），但最好的治疗应该是针对每个人的具体情况设计的个性化方案。许多研究表明，联合用药和治疗取得的疗效是最好的，所以要与医生一起探讨什么样的方案最适合自己。良好的自我照顾，比如定期锻炼、正念和社会支持，是所有治疗过程的重要补充。越能减轻生活中的压力，取得的疗效就越好。

什么会阻碍你？

每种焦虑症都与特别的恐惧有关，因此结合自身情况，弄清哪些情况会让自己特别感到有压力。认清自己的症状和恐惧，是确定第一步需要什么帮助的关键。

状 况	症 状	恐 惧
广泛性焦虑症	过度焦虑无法控制，长期持续，影响生活质量，并引发疾病。	对健康或财务等日常压力的恐惧，至少在六个月内达到极端和不合理的程度。
恐慌症	反复出现的恐慌发作（见第205页），没有其他医学解释。	发作期间：害怕死亡、心脏病发作、中风，或失去理智。两次恐惧发作之间：对可能引发另一种恐惧的地方和情况产生恐惧。
创伤后应激障碍	经历创伤后，体验到一些令人不愉快的想法、画面和感觉，不想再提起，持续保持警惕或情绪消沉，甚至精神恍惚。	害怕重新回到创伤性事件中，或感觉它仍然在发生。
社交焦虑症	在存在被评判风险的社交环境中，产生明显恐惧，导致严重的痛苦或想回避这种场合。	害怕被羞辱或尴尬，这种过度恐惧严重影响到自己的生活和幸福。

? 筛选问题

在识别焦虑症时，医生有一套标准的筛查问卷。如果你觉得有什么不对劲，又不能确定问题所在，那么试试回答以下四个问题。

你觉得自己**容易焦虑**吗？
（广泛性焦虑症）

你有不知从何而来的**一波一波的焦虑**吗？
（恐慌症）

你是否经历过令自己**感到困扰的、不愉快**的事情？
（创伤后应激障碍）

当人们观察你时，**你是否担心被评判**？
（社交焦虑症）

如果对上述其中一个问题回答"是"，并不一定意味着你患有焦虑症，但如果发现生活压力特别大，那么请咨询医生。

救生船

治疗师有用吗

　　有时候，我们可以自己解决问题，或在亲人帮助下康复。但是，如果生活压力巨大，难以忍受，你可能需要考虑找一个好的治疗师，帮助自己控制压力。

　　如果认为自己需要治疗，就遵从这种感觉，并迅速行动，找到最合适的人给自己提供支持。

如果压力无法承受，也许该去寻求专业帮助了。心理学家、精神科医生、临床辅导员、社会工作者和宗教领袖都可以在你尝试管理压力的时候，提供支持和指导。当做好准备时，仅仅决定寻求帮助，有时就能使压力得到一些缓解。

> 治疗目标是
> **减轻症状，
> 提高生活质量。**
> **美国国家心理健康研究所**

何时寻求帮助？

　　根据美国国家心理健康研究所的建议，寻求治疗的常见原因包括以下情况。

- **极度悲伤或焦虑**无法摆脱。
- **严重的睡眠问题**，和平常习惯明显不同。
- **很难专注**于工作或日常活动。
- **潜在的危险行为**，如酗酒、吸毒或赌博。
- **困难境遇**，如家庭问题、丧亲或工作压力。
- **希望改善**人际关系和沟通技巧。
- **觉得需要**更了解自己。

选择合适的治疗师

　　找到一个能够建立良好关系的治疗师，这点很重要。美国心理学会的作家布鲁斯·万波德（Bruce Wampold）认为，一个有效的治疗师应该具备以下几方面条件。

- **很强的人际交往能力：**敏锐的洞察力、热情、沟通能力强。
- **让客户觉得**治疗师是善解人意和值得信任的。
- 与患者形成治疗方案清晰、共同认定目标的职业**关系**。
- 为患者的痛苦**提供合理**和有帮助的解释。
- 提供符合解释**的治疗方案**。

✅ 到哪里寻找心理医生？

　　到哪里找心理医生帮忙呢？建议通过以下途径：

- 医生推荐
- 网站搜索
- 当地精神健康协会
- 宗教场所
- 口碑推荐

- 以令人信服和鼓舞人心的方式**提出方案。**
- **跟踪客户的状况进展，**真正关心他们的健康。
- 治疗计划不起作用就**灵活调整。**
- **帮助**患者面对艰难话题，以解决主要问题。
- **创造**有希望改善的情绪氛围。
- **了解**客户的特征和背景，如他们的文化、宗教背景、年龄和动机。
- **客观认识问题，**放下个人感情。
- **持续跟踪**与客户需求相关的领域最新的和最好的研究成果。
- 聆听反馈，**不断寻求改进。**

　　未经良好训练或无执照的治疗师可能给人造成很大伤害，所以把第一次会面当作面试一样（见右上方），确定自己感觉舒服。大学的培训项目有时会提供优惠咨询，这些都受到良好的监管，可能是一个明智选择。无论选择哪种方法，先要查看有

✅ 你能告诉我吗？

　　美国国家心理健康研究所建议，在选择治疗师时，需要询问下面列出的问题。不要羞于启齿，任何有名望的治疗师都非常乐意回答这样的问题。只有你感到舒适和自信，治疗过程才可能有好的体验。

你的资历和经验如何？

这种疗法的目标是什么？

你有专长吗？
（例如，认知行为疗法、家庭治疗、创伤治疗）

你认为我需要多少疗程？

你有和我这样的人相处的经验吗？

会有家庭功课吗？

我们会用什么样的疗法？
它是如何起作用的？
有什么证据支持它？

你能开处方药吗？
如果不能，如果我需要药物，怎么办？

我们的治疗是保密的吗？
你是怎么保证的？

没有关于治疗师的投诉或负面反馈。一两个不好的评分可能只是由于个性冲突导致的，因为没有治疗师能够适合所有的人，但如果投诉很多，就要注意了。在治疗过程中，治疗师可能提出一些让你不舒服的问题，如果不

舒服是因为治疗师自身引起的，那就另寻他人。为在治疗过程中让自己感觉良好，治疗师必须是值得你信任，并且可以让你感到自信的人。

保持镇定

有韧性的生活

本书描述的工具有助于培养人的韧性，即从生活压力中快速恢复的能力。压力能激起强烈的情绪，而韧性能帮助我们控制这些情绪，并保持个人自控力。这是一种生活技能，几乎每个人都能学会。

保持坚强

培养韧性之路是个人修行，心理学提供了以下要点，请一定牢记。

√ **培养人际关系。**抽时间去看家人，准备好给予和接受帮助。两者都能给予自己力量。

√ **保持积极态度。**每次挫折后寻找希望之光都很让人疲惫。在日常生活的基础上寻找令人愉悦的事情，尽可能享受它们。

√ **从经验中学习。**错误可以教会我们做出必要改变。如果我们在面对创伤或损失时使用良好的应对技巧，即使在黑暗时刻也能培养自己的韧性。

√ **树立积极的、现实的目标。**即使小小的成就也值得庆贺。

√ **勇于面对问题。**忽略问题存在只会纵容它的发展，鼓起勇气，找出问题所在，并采取建设性措施来解决，这很可能让你感到有更强的控制力。

√ **培养自信心。**压力要求我们说出自己的需求，并找到解决方案，而一个有韧性的人对此充满信心。

无论多么强大或幸运，没有人可以过着毫无压力的生活。但是，即使身处逆境，我们也能学会管理压力和获得韧性，以勇气和乐观面对未来。

✓ 提高韧性的四个步骤

美国认知行为治疗师克里斯蒂娜·帕德斯基（Christine Padesky）和凯瑟琳·穆尼（Kathleen Mooney）提出了一种可以识别和增强韧性的有效途径。

1 发现优势。什么样的正面信念、才华、能力和良好的素质能够展现你的能力？这些能力并非只在危机中展现，寻找那些隐藏在日常生活中的优秀品德。

例如："即使我累了、厌倦了，每天也会为孩子上学做好准备。我想我是个坚持不懈和负责任的人。"

2 构建个人韧性品质模型（PMR）。记下你在步骤1中确定下来的显而易见的优势，并开始创建有助于提升自己优势的策略图表。想想那些能够帮助你建立起引以为豪身份的形象和隐喻。

例如："我是一个坚韧的吃苦耐劳的人，我会考虑如何用我的优势减轻工作压力。"

3 想一想，在那些容易导致你感到压力的情况下，如何使用个人韧性品质模型来保持韧性。

例如："整个团队都在超负荷工作。我会特别重视对每个人的支持。"

4 当遇到挫折或障碍时，将其视为测试自己个人韧性品质模型的机会，并为成功感到自豪。

例如："老板脾气很暴躁，但我还是要保持冷静，并问候每个人。我认为这让我们都感觉更好。"

通过基于优势的认知行为疗法，产生我有能力的新的自我认同，你可以使日常情况得到"双赢"结果。当事情按照你的方式发展时，一切都会好起来；当事情充满压力时，你会为自己的韧性感到自豪。

√ **爱并关心自己。**善待自己：安排好休息时间、进行锻炼、吃健康食物，还有娱乐。一定要欣赏自己的长处，当事情进展顺利时，你知道自己理应得到这样的回报。

正如美国心理治疗师艾米·莫林（Amy Morin）所言，"每个人都有能力提高抗压韧性。这需要付出和投入，随着时间推移，你会变得有能力去处理生活中的任何事情"。我们永远无法完全避免压力，但当我们能适应逆境、控制情绪、形成良好的自我照顾习惯，或从一段时期的压力中恢复时，这都证明我们的韧性正在不断加强。

🔍 培养积极情绪

我们不能期望每时每刻都能感到快乐，但如果尽可能培养积极情绪，如快乐、好奇、喜爱和乐观，就有助于增强韧性。2009年，美国的一项研究发现，积极情绪能有力地预示幸福，因为它能使我们更加有韧性，尽可能享受生活。从长远来看，正如下面所描述的，它将使你更容易承受压力。

5 生活得更快乐、更成功

4 增强韧性

3 更好地建立人际关系，发掘出新的技能和资源。

2 感觉威胁和压力减轻

1 感受到积极情绪

我会哭泣，但会擦干眼泪继续工作

卡特里娜飓风幸存者弗雷德·约翰逊（FRED JOHNSON），

在接受心理学家加里·斯蒂克斯（GARY STIX）采访时表示

资料来源与参考书目

我们已尽一切努力确保本书资料准确无误，但还是要对书中可能存在的错误或遗漏表示歉意，并希望得到读者斧正。

这里给出了正文引用的资料出处。本书所提供的所有链接的最新更新日期是2017年5月至7月。APA，是指美国心理学会。Greater Good，是指加州大学伯克利分校的大善科学中心。

CHAPTER 1

12–13 I. M. Marks and R. M. Nesse, "Fear and fitness", *Ethology and Sociobiology* (1994); H. Selye, *The Stress of Life*, McGraw-Hill (1956). **14–15** K. McGonigal, in B. Schulte, "Science shows that stress has an upside", *The Washington Post* (2015)+ N. B. Schmidt et al, "Anxiety sensitivity", *J. Psychiatric Research* (2006); H. Murakami, *What I talk about when I talk about running*, Knopf (2008); APA (2017), "Stress in America: Coping With Change", Stress in America™ Survey. **16–17** K. McGonigal, cited in D. Grodsky, "Stress as a positive", TED Blog, 2013; D.Kaufer, cited in P. Jaret, "The Surprising Benefits of Stress", *Greater Good* (2015); E. D. Kirby et al, "Acute stress enhances adult rat hippocampal neurogenesis and activation of newborn neurons", *eLife* (2013); F. S. Dhabhar et al, "Stress-induced redistribution of immune cells", *Psychoneuroendocrinology* (2012); A. J. Crum et al "Rethinking stress", *J. Personality and Social Psychology* (2013); D. Kirby, cited in T. Bradberry, "How Successful People Stay Calm", talentsmart.com; J. P. Jamieson et al, "Improving Acute Stress Responses", *Current Directions in Psychological Science* (2013, first reported in 2012); APA (2015), "Stress in America: Stress Snapshot", Stress in America™ Survey. **18–19** B. P. F. Rutten et al, "Resilience in mental health", *Acta Psychiatrica Scandinavica* (2013); G. Bonnaro, cited in G. Stix, "The Neuroscience of True Grit", *Scientific American* (2011); R. Dias et al, "Resilience of caregivers of people with dementia", *Trends in Psychiatry and Psychology* (2015). **20–21** G. S.

Everly and J. M. Lating, "The Anatomy and Physiology of the Human Stress Response", *A Clinical Guide to the Treatment of the Human Stress Response* (2013); W. B. Cannon, "The emergency function of the adrenal medulla", American J. Physiology Legacy Content Online; F. Hansen, "Fight or Flight vs Rest and Digest", adrenalfatiguesyndrome.com (2015); D. Goleman, "The Sweet Spot for Achievement", *Psychology Today* (2012); S. A. McLeod, "What is the stress response" (2010), *Simply Psychology*; P. J. Winklewski et al, "Stress Response, Brain Noradrenergic System and Cognition", *Advances in Experimental Medicine and Biology* (2017). **22–23** K. McGonigal, "How to make stress your friend", TED Talk (2013). **24–25** T. H. Holmes and R. H. Rahe, "The Social Readjustment Rating Scale", *J. Psychosomatic Research* (1967). **26–29** A. Wood Brooks, "Get Excited", *J. Experimental Psychology* (2014); E.K. Porensky and S. Wells-Di Gregorio, "Stress Management", Ohio State University; C. S. Carver and J. Connor-Smith, "Personality and Coping", *Annual Review of Psychology* (2010); R. Lazarus and S. Folkman, cited in S.M. Sincero, "Stress and Cognitive Appraisal", explorable.com; J.M. Grohol, "15 Common Defense Mechanisms", *Psych Central*. **30–31** L. R. Goldberg, "An Alternative 'Description of Personality'", *J. Personal and Social Psychology* (1990); O.P. John and S. Srivastava, "The Big-Five Trait Taxonomy", *Handbook of Personality*, The Guilford Press (1999). **32–33** S. E. Taylor et al, "Biobehavioral Responses To Stress In Females", *Psychological Review* (2000); L. Tomova et al, "Is stress affecting our ability to tune into others?", *Psychoneuroendocrinology* (2014); M. Ingalhalikar et al, "Sex differences in the structural connectome of the human brain", *Proceedings of the National Academy of Sciences of the United States of America* (2014); APA (2015), "Stress in America: Stress Snapshot", Stress in America™ Survey; APA (2010), "Stress in America Findings", Stress in America™ Survey. **34–35** K. G. Rice et al, "Meanings of Perfectionism", *J. Cognitive Psychotherapy* (2003); P. L. Hewitt, in E. Benson, "The many faces of perfectionism", *Monitor on Psychology*, APA (2003); R. C.

O'Connor and D. B. O'Connor, "Predicting hopelessness and psychological distress", *J. Counseling Psychology* (2003); J. Szymanski, "Perfectionism", *Expert Opinions*, International OCD Foundation; B. Brown, *The Gifts of Imperfection*, Hazelden Publishing (2010); "How to Overcome Perfectionism", AnxietyBC®; P. L. Hewitt and G. L. Flett, "Perfectionism and depression", *J. Social Behavior and Personality* (1990). **36–37** K. D. Neff and K. A Dahm, "Self-Compassion", in M. Robinson et al, *Handbook of Mindfulness and Self-Regulation*, Springer (2015). **38–39** P. Gilbert and C. Irons, "Focused therapies and compassionate mind training for shame and self-attacking", in P. Gilbert, *Compassion*, Routledge (2005); K. D. Neff and K. A Dahm (see 36–37 above); P. Gilbert, "Introducing compassion-focused therapy", *Advances in psychiatric treatment* (2009); H. Rockliff et al, "Heart rate variability and salivary cortisol responses to compassion-focused imagery", *Clinical Neuropsychiatry* (2008); K. Neff, "Exercise 2: Self-compassion break", self-compassion.org. **40–41** J. M. Smyth, "Written Emotional Expression", *J. Consulting and Clinical Psychology* (1998); K. J. Petrie et al, "Effect of Written Emotional Expression on Immune Function in Patients with HIV Infection", *Psychosomatic Medicine* (2004); P. M. Ullrich and S. K. Lutgendorf, "Journaling about stressful events", *Annals of Behavioral Medicine* (2002); J. W. Pennebaker, in B. Murray, "Writing to heal", *Monitor on Psychology*, APA (2002); J. W. Pennebaker and S. K. Beall, "Confronting a traumatic event", *J. Abnormal Psychology* (1986); J. W. Pennebaker and C. K. Chung (2011), cited in "James Pennebaker's Expressive Writing Paradigm", psychologyinaction.org. **42–43** M. H. Kernis. "Towards a Conceptualization of Optimal Self-Esteem", *Psychological Inquiry* (2003); R. Y. Erol and U. Orth, "Self-Esteem Development From Age 14 to 30 Years", *J. Personality and Social Psychology* (2011); G. Winch, "5 Ways to Boost Your Self-Esteem", *Psychology Today* (2016); N. Burton, "Building Confidence and Self-Esteem", *Psychology Today* (2012). **44–45** M. E. P. Seligman, "Pleasure, meaning, & eudaimonia", *Authentic*

Happiness (2002), University of Pennsylvania; D. A. Vella-Brodrick et al, "Three Ways to Be Happy", *Social Indicators Research* (2009, online 2008); V. Frankl, cited in "Viktor Frankl", The Pursuit of Happiness, Inc.; A. C. Parks and R. Biswas-Diener, in T. Kashdan and J. Ciarrochi, *Mindfulness, Acceptance, and Positive Psychology*, New Harbinger (2013); R. F. Baumeister, cited in E. Smith, "There's More to Life Than Being Happy" (2013), *The Atlantic*; C. Bailey and A. Madden, "What Makes Work Meaningful", *Sloan Management Review* (2016); L. George and C. L. Park (2016), cited in E. E. Smith and J. Aaker, "Pursue Meaning Instead of Happiness", *Science of Us*, nymag.com (2016). **46–47** J. Lamb et al, "Approach to bullying and victimization", *Canadian Family Physician* (2009); T. A. Field et al, "The New ABCs", *J. Mental Health Counseling* (2015); W. Hofmann et al, "Yes, But Are They Happy?", *J. Personality* (2014, online 2013); C. Pierce Keeton et al, "Sense of Control Predicts Depressive and Anxious Symptoms", *J. Family Psychology* (2008). **48–49** T. D. Borkovec (1983), cited in S. K. McGowan and E. Behar, "A Preliminary Investigation of Stimulus Control Training for Worry", *Behavior Modification* (2013); B. Verkuil, cited in J. Brownstein, "Planning 'Worry Time' May Help Ease Anxiety", livescience.com (2011); W. F. Doverspike, "How to Stop Obsessive Worry", Georgia Psychological Association (2008); L. Saulsman et al, "What? Me Worry!?!" (2015), Centre for Clinical Interventions; S. J. Gillihan, "5 reasons we worry", *Psychology Today* (2016). **50–51** W. James, cited in A. C. Ugural, *Living Better*, Eloquent Books (2009). **52–53** S. G. Hofmann et al, "The Efficacy of Cognitive Behavioral Therapy", *Cognitive Therapy and Research* (2012); F. Ghinassi, in C. Gregoire, "Work Stress", *Huffington Post* (2013); D. D. Burns, *Feeling Good*, William Morrow (1980). **54–55** "Know Your Stress To Manage Your Stress", Pattison Professional Counseling and Mediation Center (2014); B. Cullen et al, "Cognitive function and lifetime features of depression and bipolar disorder", *European Psychiatry* (2015).

CHAPTER 2

58–59 S. Cohen et al, "Socioeconomic status is associated with stress hormones", *Psycho-somatic Medicine* (2006); R. V. Levine and A. Norenzayan, "The Pace of Life in 31 Countries", *J. Cross-Cultural Psychology* (1999); W. Ng et al, "Affluence, feelings of stress, and well-being", *Social Indicators Research* (2009, online 2008);

R. Veenhoven, "The Four Qualities of Life", *J. Happiness Studies* (2000); APA (2017), "Stress in America: Coping With Change", Stress in America™ Survey. **60–63** E. Ophir (2009), cited in T. Bradberry, "Multitasking Damages Your Brain and Career", forbes.com (2014); J. M. Kraushaar and D. C. Novak (2010), cited in A. M. Paul, "You'll Never Learn!", *Slate* (2013); L. Rosen, cited in J. Barshay, "How a 'tech break' can help students refocus", Hechinger Ed (2011); K. Lanaj, cited in S. Sleek, "The Psychological Toll of the Smartphone", Association for Psychological Science (2014); D. Derks et al, "Work-related smartphone use, psychological detachment and exhaustion", *J. Occupational Health and Psychology* (2014); R. Balding, cited in "People with smart phones fall victim to social networking stress", British Psychological Society (2012); E. A. Holman et al, "Media's role in broadcasting acute stress following the Boston Marathon bombings", *Proceedings of the National Academy of Sciences* (2013); APA (2017), "Stress in America: Coping With Change", Stress in America™ Survey; University of Cambridge, "Study shows some families have taken steps to avoid feeling overwhelmed by communications technologies", eng.cam.ac.uk (2011), reproduced under Creative Commons Attribution International License 4, with adaptation; R. Balding, cited in A. Kelly, "Student's phone study touches national nerve", *Worcester News* (2012); B. Wood et al, "Light level and duration of exposure determine the impact of self-luminous tablets on melatonin suppression", *Applied Ergonomics* (2013); M. Ritchel, "Attached to technology and paying a price", *The New York Times* (2010); D. Nelson, cited in W. K. Kleinman, "The stress factor of technology", newsok.com (2008); J. Suler, "The online disinhibition effect", *CyberPsychology & Behavior* (2004); A. G. Zimmerman, "Online Aggression", University of North Florida (2012). **64–65** D. Levitin, "Why the modern world is bad for your brain", *The Guardian* (2015); E. K. Miller, cited in J. Naish, "Is multi-tasking bad for your brain?", *Mail Online* (2009); E. M. Hallowell, cited in "The Power of Focus", *Tribal Business Journal*; D. Coviello et al, "Don't Spread Yourself Too Thin", *The National Bureau of Economic Research* (2010); G. Wilson, "The 'Infomania' Study" (2005); K. Foerde (2006), cited in A. Murphy Paul, "You'll never learn!", *Slate* (2013); G.D. Schott, "Doodling and the default network of the brain", *The Lancet* (2011); M. Karlesky and K. Isbister (2013), cited in M. Karlesky, "New widgets let you snap, crackle … and

think", livescience.com (2014); D. Meyer, cited in A. Murphy Paul, "You'll never learn!", *Slate* (2013); J. Andrade, "What does doodling do?", *Applied Cognitive Psychology* (2009); J. S. Rubinstein et al, "Executive Control of Cognitive Processes in Task Switching", *J. Experimental Psychology* (2001). **66–67** L. Bernstein, cited in R. Fox with H. Brown, *Creating a Purposeful Life*, Infinite Ideas (2012). **68–69** K. Murray, cited in J. Dodgson, "Body image problems linked to stress", abc.net.au (2009); C. C. Ross, "Why Do Women Hate Their Bodies?", *Psych Central* (2015); National Eating Disorders Association, cited in "Going to extremes", CNN; "Women's Body Image and BMI", rehabs.com; P. Diedrichs, cited in "Body image concerns more men than women", *The Guardian* (2012); S. T. Dunn (2004), cited in M. Dahl, "Six-pack stress", today.com; T. F. Cash et al, "Coping with body-image threats and challenges", *J. Psychosomatic Research* (2005); "New Plastic Surgery Statistics", American Society of Plastic Surgeons (2017). **70–73** J. Bowlby, cited in S. Johnson, *The Love Secret*, Little, Brown (2014); D. Saxbe and R. L. Repetti, "For Better or Worse?", *J. Personality and Social Psychology* (2010); L. A. Neff and B. R. Karney, "Stress and reactivity to daily relationship experiences", *J. Personality and Social Psychology* (2009); S. I. Powers, cited in L. Meyers, "Relationship conflicts stress men more than women", *Monitor on Psychology*, APA (2006); J. M. and J. Gottman, "How to keep love going strong", yesmagazine.org (2011); "Love and money", prnewswire.com (2015), B. R. Karney, "Keeping marriages healthy and why it's so difficult", *Psychological Science Agenda*, APA (2010); E. Lisitsa, "The Four Horsemen", The Gottman Institute (2013). **74–75** "Lack of sexual intimacy", National Healthy Marriage Resource Center; L. E. Savage, "Treating desire discrepancy in couples", goddesstherapy.com; B. W. McCarthy and E. J. McCarthy, *Rekindling Desire*, Routledge (2003); M. Weiner-Davis, "The Sex-Starved Marriage", psychotherapynetworker.org (2016); L. Brotto, cited in S. Auteri, "What you need to know about female sexual desire", American Association of Sexuality Educators, Counselors and Therapists (2014). **76–79** E. Stone (1985), cited in *Reader's Digest* (1989); K. H. Lagattuta et al, "Do you know how I feel?", *J. Experimental Child Psychology* (2012); H. T. Emery et al, "Maternal dispositional empathy and electrodermal reactivity", *J. Family Psychology* (2014); G. Dewar, "Parenting Stress", parentingscience.com (2016); D. M. Teti et al, "Maternal emotional availability at bedtime predicts infant sleep quality", *J. Family Psychology* (2010); S. Cronin et al, "Parents and Stress", University of Minnesota, *Children's Mental Health eReview* (2015); K. J. Joosen et al, "Maternal overreactive sympathetic nervous system responses to repeated infant crying", *Child Maltreatment* (2013); K. Zolten and N. Long, "Helping Children Cope With Stress", Center for Effective Parenting (2006); C. Carter, "Is Stress-Free Parenting Possible?", *Greater Good* (2011). **80–83** T. L. Lindquist et al, "Influence of lifestyle, coping and job stress on blood pressure", *Hypertension* (1997); "OSH Answers Fact Sheets: Workplace Stress", Canadian Centre for Occupational Health and Safety (2012); J. Ferrari, cited in D. Thompson, "The Procrastination Doom Loop", *The Atlantic* (2014); D. D. Burns, *Feeling Good*, William Morrow (1980); R. Eisenberger, "Learned Industriousness", classweb.s.uh.edu; P. Steel, "The Nature of Procrastination", *Psychological Bulletin* (2007); F. M. Sirois, "Procrastination and intentions to perform health behaviors", *Personality and Individual Differences* (2004); H. Gardner, "Leadership: A Master Class", youtube.com (2012); "A Passion for Work-Life Balance", Robert Half (2016); APA (2017), "Stress in America: Coping With Change", Stress in America™ Survey. **84–85** R. Bianchi et al, "Comparative symptomatology of burnout and depression", *J. Health Psychology* (2013); J. Montero-Marin et al, "Coping with stress and types of burnout", *PLoS ONE* (2014); P. Sheridan, cited in M. Ahmed, "One in three professionals 'is suffering from burnout'", *The Times* (2013); A. B. Bakker and E. Demerouti, "The Job Demands-Resources model", *J. Managerial Psychology* (2007); "Employee burnout common in nearly a third of UK companies", Robert Half (2013). **86–87** M. K. Gandhi, cited in N. Ramakrishnan, *Reading Gandhi in the Twenty-First Century* (2013). **88–89** K. Yarrow, in T. Klosowski, "How Stores Manipulate Your Senses So You Spend More Money", lifehacker.com (2013); E. W. Dunn et al, "Spending money on others promotes happiness", *Science* (2008); L. B. Aknin et al, "It's the Recipient That Counts", *PLoS ONE* (2011); M. A. Killingsworth and D. T. Gilbert, "A Wandering Mind Is an Unhappy Mind", *Science* (2010); T. Gilovich et al, "Waiting for Merlot", *Psychological Science* (2014); P. Raghubir and J. Srivastava, "The Denomination Effect", *J. Consumer Research* (2009); P. Brickman and D.T. Campbell (1971), cited in M. Binswanger, "Why Does Income Growth Fail to Make Us Happier?", Solothum

University of Applied Science, Northwestern Switzerland (2003). **90–91** E. El Issa, "2016 American Household Credit Card Debt Study", nerdwallet.com; E. Y. Chou, cited in "Experiencing Financial Stress May Lead to Physical Pain", *Psychological Science* (2016); M. A. Skinner et al, "Financial Stress Predictors", *Cognitive Therapy and Research* (2004); R. L. Leahy, "Living with financial anxiety", psychotherapybrownbag.com (2009); APA (2017), "Stress in America: Coping With Change", Stress in America™ Survey; M. Amar et al, "Winning the Battle but Losing the War", *J. Marketing Research* (2011). **92–93** D. R. Ames and A. S. Wazlawek, "Pushing in the Dark", *Personality and Social Psychology Bulletin* (2014); V. M. Patrick and H. Hagtvedt (2012), cited in H. Grant Halvorson, "The Amazing Power of 'I Don't' vs. 'I Can't'", forbes.com (2013). **94–95** N. Pelusi, "The Right Way to Rock the Boat", *Psychology Today* (2016); G. A. Abed et al, "The Effect of Assertiveness Training Program on Improving Self-Esteem of Psychiatric Nurses", *J. Nursing Science* (2015); V. K. Bohns, cited in D. Ludden, "Ask and You Shall Receive", *Psychology Today* (2016). **96–97** S. Augustin (2009), cited in S. Whitaker, "The Effects of Population Density and Noise", *A Student of Psychology* (2014); E. C. Kim, "Nonsocial Transient Behavior", *Symbolic Interaction* (2012); R. S. Feldman (1985), cited in J. D. Meier, "Personal Space", sourceofinsight.com (2017); D. Elkin, "Protecting Your Personal Space", debelkin. com (2015). **98–99** R. S. Ulrich, "View though a window may influence recovery from surgery", American Association for the Advancement of Science (1984); O. Kardan, "Neighborhood greenspace and health in a large urban center", *Scientific Reports* (2015); N. M. Wells and G. W. Evans, "Nearby nature", *Environment and Behavior* (2003); B. Cimprich and D. L. Ronis, "An environmental intervention to restore attention in women with newly diagnosed breast cancer", *Cancer Nursing* (2003); B. J. Park (2010), cited in A. Alter, "How nature resets our minds and bodies", *The Atlantic* (2013); R. Kaplan and S. Kaplan, "The Restorative Benefits of Nature", *J. Environmental Psychology* (1995); P. Aspinall et al, "The urban brain", *British J. Sports Medicine* (2015, online 2013); G. N. Bratman et al, "Nature experience reduces rumination", *Proceedings of the National Academy of Sciences* (2015); M. Annerstedt et al "Inducing physiological stress recovery with sounds of nature in a virtual reality forest", *Physiology & Behavior* (2013); R. McCaffrey and P. Liehr,

"The Effect of Reflective Garden Walking on Adults With Increased Levels of Psychological Stress", *American Holistic Nureses Nurses Association* (2016). **100–101** M. L. Chanda and D. J. Levitin, "The neurochemistry of music", *Trends in Cognitive Sciences* (2013); S. Chafin et al, "Health can facilitate blood pressure recovery from stress", *British J. Health Psychology* (2004); E. Labbé et al, "Coping with Stress", *Applied Psychophysiology and Biofeedback* (2008); L. Brannon and J. Feist, "Health Psychology", Wadsworth Cengage Learning (2007); H. D. Thoreau, *Journals* IX (1857), cited in J. S. Cramer, "The Quotable Thoreau", Princeton (2011); T. Schäfer et al, "The sounds of safety", *Frontiers in Psychology* (2015); J. S. Verma and S. K. Khanna, "The Effect of Music on Salivary Cortisol", *J. Exercise Science and Physiotherapy* (2010); L. Bernardi et al, "Cardiovascular, cerebrovascular, and respiratory changes induced by different types of music", *Heart* (2006, online 2005); B. Bittman, cited in "How Playing Music Results in Breakthroughs for Inner City Youth", The National Association of Music Merchants (2009); D. Fancourt et al, "Singing modulates mood", *ecancermedicalscience* (2016); B. A. Bailey, "Effects of group singing and performance", *Psychology of Music* (2005); M. V. Thoma et al, "The Effect of Music on the Human Stress Response", *PLoS ONE* (2013). **102–103** R. Peters, "Ageing and the brain", *Postgraduate Medical Journal* (2006); R. Trouillet et al, "Impact of Age, and Cognitive and Coping Resources on Coping", *Canadian Journal on Aging* (2011); J. N. de Souza-Talarico et al, "Stress symptoms and coping strategies in healthy and elderly subjects", *Revista da Escola de Enfermagem da USP* (2009); C. M. Aldwin et al, "Age Differences in Stress, Coping, and Appraisal", *J. Gerontology* (1996); J. Pikhartova et al, "Is loneliness in later life a self-fulfilling prophecy?", *Aging & Mental Health* (2016, online 2105); R. Mushtaq et al, "Relationship between loneliness, psychiatric disorders and physical health", *J. Clinical & Diagnostic Research* (2014); J. Cacioppo, cited in I. Sample, "Loneliness twice as unhealthy as obesity for older people", *The Guardian* (2014); R. C. Atchley, cited in "Stages of Retirement", Families in Action. **104–105** "Key facts about carers and the people they care for", Carers Trust (2015); "Caregiving in the US 2015", National Alliance for Caregiving; M. M. Seltzer, cited in M. Diament, "Autism moms have stress similar to combat soldiers", *Disability Scoop* (2009); National Family Caregivers Association survey (2001), cited in "Caregiver statistics", Caregiver Action Network; "Facts about carers 2015", Carers UK; Alzheimer's Association®, "Caregiver stress", Alzheimer's and Dementia Caregiver Center. **106–107** APA (2006), "Forgiveness: a sampling of research results", Washington D.C., Office of International Affairs; F. Luskin and B. Bland, "Stanford–Northern Ireland Hope 1 Project", learningtoforgive.com (2000, 2010); J. Orloff, cited in S. Freedman and T. Zarifkar, "The Psychology of Interpersonal Forgiveness", *Spirituality in Clinical Practice* (2015). **108– 109** R. A. Emmons and M. E. McCullough, "Counting blessings versus burdens", *J. Personality and Social Psychology* (2003); A. M. Wood et al, "The role of gratitude in the development of social support, stress, and depression", *J. Research in Personality* (2008); A. M. Wood et al, "Gratitude influences sleep", *J. Psychosomatic Research* (2009); P. C. Watkins et al, "Taking care of business?", *J. Positive Psychology* (2008); N. M. Lambert and F. D. Finham, "Expressing gratitude to a partner", *Emotion* (2011); R. A. Emmons, "How Gratitude Can Help You Through Hard Times", *Greater Good* (2013); A. M. Gordon, "Five ways giving thanks can backfire", *Greater Good* (2013); S. Lyubomirsky, cited in J. Marsh, "Tips for keeping a gratitude journal", *Greater Good* (2011).

CHAPTER 3

112–113 T. J. Strauman et al, "Self-regulatory cognition and immune reactivity", *Brain, Behavior, and Immunity* (2004); S. R. Maddi, *Hardiness,* Springer (2013); J. D. Brown and K. L. McGill, "The cost of good fortune", *J. Personality and Social Psychology* (1989). **114–115** R. M. Nideffer, "Getting Into the Optimal Performance State", enhanced-performance.com; D. Greene, "11 Strategies for Audition and Performance Success", psi. donegreene.com; "America's Top Fears 2016", Chapman University; G. Ramirez and S. L. Beilock, "Writing about testing worries boosts exam performance", *Science* (2011, 2014). **116–117** M. H. Kernis and B. M. Goldman, "A multicomponent conceptualization of authenticity", *Advances in Experimental Social Psychology* (2006); A. L. Sillars et al, "Communication and conflict in marriage", *Communication Yearbook* (1983); R. M. Reznik et al, "Communication During Interpersonal Arguing", *Argumentation and Advocacy* (2010); K. A. Vertino, "Effective Interpersonal Communication", *Online J. Issues in Nursing* (2014); E. L. Deci and R. M. Ryan, "SDT",

selfdeterminationtheory.org. **118–119** N. Harrington, "Frustration Intolerance", *J. Rational-Emotive and Cognitive-Behavior Therapy* (2011); A. Lickerman, "How to Manage Frustration", *Psychology Today* (2012); N. Harrington, "The Frustration Discomfort Scale", *Clinical Psychology and Psychotherapy* (2005); M. E. Keough et al, "Anxiety Symptomatology", *Behavior Therapy* (2010). **120–121** D. A. Sbarra et al, "Divorce and Health", *Current Directions in Psychological Science* (2015); L. Kulik and E. Heine-Cohen, "Coping Resources, Perceived Stress and Adjustment to Divorce Among Israeli Women", *J. Social Psychology* (2011); D. A. Sbarra et al, "Divorce and Health", *Current Directions in Psychological Science* (2015). **122–123** M. K. Shear, "Getting Straight About Grief", *Depression and Anxiety* (2012). **124–125** S. Hayes, cited in R. Harris, "Embracing Your Demons", *Psychotherapy in Australia* (2006); K. Strosahl, in K. Kseib, "Pain is inevitable, but suffering is optional", *The Psychologist* (2016); S. Hayes, cited in J. Belmont, "Effective Use of Metaphors in the ACT Theory", belmontwellness.com; H. Brinkborgh et al, "Acceptance and commitment therapy for the treatment of stress among social workers", *Behaviour Research and Therapy* (2011). **126–127** K. Strosahl, in K. Kseib, "Pain is inevitable, but suffering is optional", *The Psychologist* (2016). **128–129** M. Mitchell, "Dr. Herbert Benson's Relaxation Response", *Psychology Today* (2013); A. Meuret, cited in S. Pappas, "To stave off panic, don't take a deep breath", livescience.com (2010); P. Philippot et al, "Respiratory feedback in the generation of emotion", *Cognition & Emotion* (2002), cited in R. P. Brown and P. L. Gerbarg, "Yoga breathing, meditation, and longevity", *Annals of the New York Academy of Sciences* (2009); J. J. Arch and M. G. Craske, "Mechanisms of mindfulness", *Behaviour Research and Therapy* (2006). **130–131** H. A. Hashim and H. H. A. Yusof, "The Effects of Progressive Muscle Relaxation and Autogenic Relaxation on Young Soccer Players' Mood States", *Asian J. Sports Medicine* (2011); P. N. Hui et al, "An Evaluation of Two Behavioral Rehabilitation Programs", *J. Alternative and Complementary Medicine* (2006); C. A. Puskarich et al, "Effects of progressive muscle relaxation training on seizure reduction", *Epilepsia* 33 (1992); A. Heenan and N. F. Troje, "Both Physical Exercise and Progressive Muscle Relaxation Reduce the Facing-the-Viewer Bias in Biological Motion Perception", *PloS ONE* (2014). **132–135** S. R. Bishop et al, "Mindfulness: A Proposed

Operational Definition", *Clinical Psychology: Science and Practice* (2004); J. Gu et al, "How do mindfulness-based therapy and mindfulness-based stress reduction improve mental health and wellbeing?", *Clinical Psychology Review* (2015); J. Kabat-Zinn and S. F. Santorelli, "Mindfulness-Based Stress Reduction (MSBR) Standards of Practice", The Center for Mindfulness in Medicine, Health Care, and Society, University of Massachusetts Medical School (2014); R. J. Davidson et al, "Alterations in brain and immune function produced by mindfulness meditation", *Psychosomatic Medicine* (2003); E. Goldstein, cited in J. Lin, "Mindfulness reduces stress, promotes resilience", *UCLA Today* (2009). **136–137** J. Frank, "Stress management during the holidays", Clinical Psychology Associates of North Central Florida; G. Rubin "8 Tips to Beat Holiday Stress", gretchenrubin.com (2010); M. C. Daball and P. Kimpton, "How do I deal with seasonal affective disorder?", *The Guardian* (2015); APA (2008), "Financial Concerns Top List of Holiday Stressors for Women, Families with Children"; D. Cotterell, "Pathogenesis and management of seasonal affective disorder", *Progress in Neurology and Psychiatry* (2010); P. Regan and T. Orbuch cited in A. Ossola, "Why Are Holidays With Your Family So Stressful?", *Popular Science* (2015); K. Duckworth, cited in "Beat Back The Holiday Blues", National Alliance on Mental Illness (2008); P. Wiegartz, "10 Common Holiday Stresses", *Psychology Today* (2011). **138–139** L. Boschloo et al, "Heavy alcohol use", *Drug and Alcohol Dependence* (2011); A. Ostroumov et al, "Stress Increases Ethanol Self-Administration", *Neuron* (2016); A. Hassanbeigi et al, "The Relationship between Stress and Addiction", *Social and Behavioral Sciences* (2013); "Facts About Alcohol", National Council on Alcohol and Drug Dependence (2015). **140–141** A. Boyes, "Avoidance Coping", *Psychology Today* (2013). **142–143** D. L. Musselman (2001), cited in M. Wei, "The surprising psychology of the common cold", *Psychology Today* (2015); M. Schoen, *When Relaxation is Hazardous to Your Health*, Mind Body Health Books (2001); P. S. Chandra and G. Desai, "Denial as an experiential phenomenon in serious illness", *Indian J. Palliative Care* (2007); A. Vingerhoets, cited in E. Saner, "Sick on arrival", *The Guardian* (2007), M. Schoen, cited in S. Colino, "The Real Reason You Get Sick After A Stressful Period Has Ended", *Huffington Post* (2016).

CHAPTER 4

146–147 T. Ballard et al, "Departures from optimality when pursuing multiple approach or avoidance goals", *J. Applied Psychology* (2016); N. Liberman and Y. Trope, "The Psychology of Transcending the Here and Now", *Science* (2008); A. Winch et al, "Unique associations between anxiety, depression and motives for approach and avoidance goal pursuit", *Cognition and Emotion* (2015, online 2014); J. Szymanski, "The Real Curse of Being a Perfectionist", *CNBC* (2011). **148–149** C. A. Higgins et al, "Coping With Overload and Stress", *J. Marriage and Family* (2010); J. M. Patterson and H. I. McCubbin, "Gender Roles and Coping", *J. Marriage and Family* (1984); S. Behson, "How to Cope with Work-Family Conflict and Stress (part 2)", *Fathers, work and family* (2013); Bureau of Labor Statistics 2016, "Employment Characteristics of Families Summary", bls.gov (2017); G. W. Bird and A. Schnurman-Crook, "Professional Identity and Coping Behaviors in Dual-Career Couples", *Family Relations* (2005). **150–151** C. R. Martell, "Behavioral Activation Therapy", christophermartell.com; S. Dimidjian et al, "The Origins and Current Status of Behavioral Activation Treatments for Depression", *Annual Review of Clinical Psychology* (2011); "Choose Your Actions, Choose Your Mood", Harley Therapy (2014). **152–153** G. M. Cooney et al, "Exercise for depression", *Cochrane Database of Systematic Reviews* (2013); J. C. Smith, "Effects of emotional exposure on state anxiety after acute exercise", *Medicine and Science in Sports and Exercise* (2013); H. Guiney and L. Machado, "Benefits of regular aerobic exercise for executive functioning in healthy populations", *Psychonomic Bulletin & Review* (2013, online 2012); T. J. Schoenfeld et al, "Physical Exercise Prevents Stress-Induced Activation of Granule Neurons", *J. Neuroscience* (2013). **154–155** M. Teut et al, "Effectiveness of a mindfulness-based walking programme in reducing symptoms of stress", *European J. Integrative Medicine* (2012); R. L. McMillan et al, "Ode to positive constructive daydreaming", *Frontiers in Psychology* (2013); M. Opezzo and D. L. Schwartz, "Give Your Ideas Some Legs", *J. Experimental Psychology* (2014); R. Biswas-Diener, in "Mindlessness Can Be Just as Productive as Mindfulness", *New Republic* (2014); M. G. Berman et al, "The Cognitive Benefits of Interacting With Nature", *Psychological Science* (2008), cited in A. Arbor, "Going outside–even in the cold–improves memory, attention", University of Michigan

(2008); W. Bumgardner, "How to Get the Best Walking Posture", verywell.com (2017); T. W. Puetz, cited in S. Fahmy, "Low-intensity exercise reduces fatigue symptoms", University of Georgia (2008). **156–157** H. Cramer et al, "Yoga for depression", *Depression and Anxiety* (2013); F. Wang et al, "The Effects of Tai Chi on Depression, Anxiety, and Psychological Well-Being", *International J. Behavioral Medicine* (2014); R. P. Brown and P. L. Gerbarg, "Surdarshan Kriya Yogic Breathing in the Treatment of Stress, Anxiety, and Depression", *J. Alternative and Complementary Medicine* (2005); M. Greenberg, cited in A. Novotney, "Yoga as a practice tool", *Monitor on Psychology*, APA (2009). **158–161** E. Epel et al "Stress may add bite to appetite", *Psychoneuroendocrinology* (2001); C. A. Maglione-Garves et al, "Cortisol Connection", University of New Mexico; M. F. Dallman et al, "Chronic stress and comfort foods", *Brain, Behavior, and Immunity* (2005); C. A. Shively et al, "Social stress, visceral obesity, and coronary artery atherosclerosis", *American J. Primatology* (2009); A. J. Tomiyama et al, "Low Calorie Dieting Increases Cortisol", *Psychosomatic Medicine* (2010); D. E. Pankevich et al, "Caloric Restriction Experience Reprograms Stress", *J. Neuroscience* (2010); D. Cummins, "This is Why We're Fat and Sick", *Psychology Today* (2013); APA (2017), "Stress in America: Coping With Change", Stress in America™ Survey; *Intuitive Eating*, cited in M. Allison, "Lesson three – How does hunger feel?", *The Fat Nutritionist* (2011); A. S. Cain et al "Refining the Relationships of Perfectionism, Self-Efficacy, and Stress to Dieting and Binge Eating", *International J. Eating Disorders* (2008); T. Mann et al, "Medicare's search for effective obesity treatments", *American Psychologist*, APA (2007); M. Greenberg, "The 5 Best Ways to Manage Your Weight and Eating", *Psychology Today* (2011); A. J. Bradshaw et al, "Non-dieting interventions for overweight and obese women", *Public Health Nutrition* (2009); A. Burokas, cited in D. Ahlstrom, "Irish-based scientists find a way to beat stress by eating", *The Irish Times* (2017); F. N. Jacka et al, "Western diet is associated with a smaller hippocampus ", *BMC Medicine* (2015); A. Sánchez-Villegas et al, "Mediterranean dietary pattern and depression", *BMC Medicine* (2013). **162–163** National Sleep Foundation , "Insomnia & You"; M. Hirshkowitz et al, "NSF sleep time duration recommendations", *Sleep Health* (2015); P. Alhola and P. Polo-Kantola, "Sleep deprivation", *Neuropsychiatric Disease and Treatment*

(2007); American Academy of Sleep Medicine, cited in S. Schutte-Rodin et al, "Clinical Guideline for the Evaluation and Management of Chronic Insomnia in Adults", *J. Clinical Sleep Medicine* (2008); NSF 1991 survey, cited in S. Ancoli-Israel and T. Roth, "Characteristics of insomnia in the United States", *Sleep* (1999); M. M. Ohayon, "Epidemiology of insomnia", *Sleep Medicine Reviews* (2002); M. Smolensky and L. Lamberg, *The Body Clock Guide to Better Health*, Holt (2001); NHIS 2010, cited in "Short Sleep Duration Among Workers", *Morbidity and Mortality Weekly Report*, Centers for Disease Control and Prevention (2012); M. R. Rosekind et al, "The cost of poor sleep", *J. Occupational and Environmental Medicine* (2010); B. Riedel et al, "A comparison of the efficacy of stimulus control for medicated and nonmedicated insomniacs", *Behavior Modification* (1998); T. Morgenthaler et al and the American Academy of Sleep Medicine, "Practice parameters for the psychological and behavioral treatment of insomnia", *Sleep* (2006). **166–167** K. D. Vohs, cited in "A messy desk encourages a creative mind?", *Monitor on Psychology*, APA (2013); S. McMains and S. Kastner, cited in E. Doland, "Scientists find physical clutter negatively affects your ability to focus", unclutterer.com (2011); D. Kahneman and A. Tversky (1979) and D. Kahneman (1990), cited in A. Castel, "Declutter NOW!", *Psychology Today* (2016); J. E. Arnold et al, *Life at Home in the 21st Century*, Cotsen Institute of Archeology Press, UCLA (2012); S. Gannon, "Hooked on Storage", *The New York Times* (2007); R. O. Frost and G. Steketee, *Stuff*, Houghton Mifflin Harcourt Publishing Company (2010). **168–169** R. F. Baumeister et al, "Ego Depletion", *J. Personality and Social Psychology* (1998); M. Muraven et al, "Daily fluctuations in self-control demands and alcohol intake", *Psychology of Addictive Behaviors* (2005); D. Spears, "Economic decision-making in poverty depletes behavioral control", Princeton University (2010); V. Job et al, "Ego Depletion–Is It All In Your Head?", *Psychological Science* (2010); M. Muraven, "Practicing Self-Control Lowers the Risk of Smoking Lapse", *Psychology of Addictive Behaviors* (2010); M. Friese et al, "Mindfulness meditation counteracts self-control depletion", *Consciousness and Cognition* (2012); D. J. A. Jenkins et al, "Glycemic index: implications in health and disease", *American J. Clinical Nutrition* (2002); APA (2011), "Stressed in America", Stress in America™ Survey; T. F. Heatherton and D. D. Wagner, "Cognitive Neuroscience of Self-Regulation

Failure", *Trends in Cognitive Sciences* (2011).
170–171 L. Schwabe et al, "Simultaneous Glucocorticoid and Noradrenergic Activity", *J. Neuroscience* (2012); P. Lally et al, "How habits are formed", *European J. Social Psychology* (2010); P. M. Gollwitzer and G. Oettingen (1999), in M. Gellman and J. R. Turner, *Encyclopedia of behavioural medicine*, Springer (2013); K. D. Vohs et al, "Making choices impairs subsequent self-control", *J. Personality and Social Psychology* (2008).
172–173 V. E. Frankl, *Man's Search for Meaning*, Simon and Schuster (1963). **174–175** M. and I. S. Csíkszentmihályi, *Optimal Experience*, Cambridge University Press (1988); R. Larson and M. Csíkszentmihályi, "The Experience Sampling Method", *Flow and the Foundations of Positive Psychology*, Springer (2014); O. Schaffer, "Crafting Fun User Experiences", Human Factors International (2013); D. Goleman, "How to Achieve a Flow State", linkedin.com (2013).
176–179 J. Holt-Lunstad et al, "Social Relationships and Mortality Risks", *PLoS Med* (2010); L. Beckes et al, "Familiarity promotes blurring of self and other in the neural representation of threat", *Social Cognitive and Affective Neuroscience* (2013); E. B. Raposa et al, "Prosocial Behaviour Mitigates the Negative Effects of Stress in Everyday Life", *Association for Psychological Science* (2016, online 2015); R. E. Adams et al, "The Presence of a Best Friend Buffers the Effects of Negative Experiences", *Developmental Psychology* (2011); M. Trudeau, "Human Connections Start With A Friendly Touch", npr.org (2010); R. I. M. Dunbar, "Do online social media cut through the constraints that limit the size of offline social networks?", The Royal Society Publishing (2016); J. H. Fowler and N. A. Christakis, "Dynamic spread of happiness in a large social network", *BMJ* (2008); S. Degges-White, "13 Red Flags of Potentially Toxic Friendships", *Psychology Today* (2015); O. Ybarra et al, "Friends (and Sometimes Enemies) With Cognitive Benefits" *Social Psychological and Personality Science* (2011, online 2010). **180–181** J. Lohr, cited in S. Boardman, "Conscious complaining", *Huffington Post* (2016); R. M. Kowalski, *Aversive Interpersonal Behaviors*, Springer (1997); B. Smyth, "Why We Complain and How to Make It More Effective", *NST Insights* (2016). **182–183** R. I. M. Dunbar et al, "Social laughter is correlated with an elevated pain threshold", *Proceedings of The Royal Society B* (2011); A. C. Samson and J. J. Gross, "Humour as emotion regulation", *Cognition and Emotion*

(2012, received 2010); R. Provine, "The Science of Laughter", *Psychology Today*, (2000); M. P. Bennett et al, "The Effect of Mirthful Laughter on Stress and Natural Killer Cell Activity", *Alternative Therapies in Health and Medicine* (2003); J. Rotton and M. Shats, "Effects of State Humor, Expectancies, and Choice on Postsurgical Mood and Self-Medication", *J. Applied Psychology* (1996); W. Fry, cited in P. Doskoch, "Happily Ever Laughter", *Psychology Today* (1996). **184–185** S. Scott, "Why we laugh", TED Talk (2015). **186–187** G. Kaimal et al, "Reduction of cortisol levels and participants' responses following art making", *J. the American Art Therapy Association* (2016); D. Siegel (2010), cited in C. Malchiodi, "Expressive arts therapy and windows of tolerance", *Psychology Today* (2016); R. van der Vennet and S. Serice, "Can coloring mandalas reduce anxiety?", *J. American Art Therapy Association* (2012); University of Otago, "Creative activities promote day-to-day wellbeing", *Science Daily* (2016); J. Leckey, 'The therapeutic effectiveness of creative activities on mental well-being", *J. Psychiatric and Mental Health Nursing* (2011). **188–189** K. Allen et al, "Cardiovascular reactivity and the presence of pets, friends and spouses", *Psychosomatic Medicine* (2002); L. Wood et al, "The Pet Factor", *PLoS One* (2015); F. Moretti et al, "Pet therapy in elderly patients with mental illness", *Psychogeriatrics* (2011); P. Donelly, "How pets make us MORE stressed", *Mail Online* (2014); S. Shiloh et al, "Reduction of state-anxiety by petting animals", *Anxiety, Stress and Coping* (2003); H. Nittono et al, "The Power of Kawaii", *PLoS One* (2012); D. Wells, "The value of pets for human health", *The Psychologist* (2011).
190–191 N. I. Eisenberger et al, "Does rejection hurt?", *Science* (2003); J. T. Cacioppo et al, "Lonely traits and concomitant physiological processes", *International J. Psychophysiology* (2000); L. C. Hawkley and J. T. Cacioppo, "Loneliness Matters", *Annals of Behavioral Medicine* (2010); G. Winch, cited in R. Marantz Henig, "Guess I'll Go Eat Worms", *The Archipelago* (2014); M. Burke and R. E. Kraut, "The Relationship Between Facebook Use and Well-Being", *J. Computer-Mediated Communication* (2016); G. Winch, "Why Loneliness Is a Trap and How to Break Free", *Psychology Today* (2013). **192–193** K. Rimfield et al, "True Grit and Genetics", *J. Personality and Social Psychology* (2016); A. L. Duckworth et al, "Grit", *J. Personality and Social Psychology* (2007); E. V. Blalock et al, "Stability amidst turmoil", *Psychiatry Research* (2015).

CHAPTER 5
196–197 K. Kozlowska, "Stress, Distress and Bodytalk", *Harvard Review of Psychiatry* (2013). **198–199** M. Jonson-Reid (2012), cited in A. M. Jackson and K. Deye, "Aspects of Abuse", *Current Problems in Pediatric and Adolescent Health Care* (2015); N. R. Nugent et al, "The Emerging Field of Epigenetics", *J. Pediatric Psychology* (2016); D. M. Rubin (2008), cited in Jackson and Deye (2015), above; E. McGrath, "Recovering from Trauma", *Psychology Today* (2001); M. H. Teicher (2000), cited in Jonson-Reid et al, "Child and adult outcomes of chronic child maltreatment", *Pediatrics* (2012).
200–201 S. McManus et al, "Mental health and wellbeing in England", *Adult Psychiatric Morbidity Survey*, NHS (2014); National Institute of Mental Health, "Any mental illness among U.S. adults", nimh.nih.gov (2015); K. Hughes et al, "Prevalence and risk of violence against adults with disabilities, *The Lancet* (2012). **202–203** C. Hammen, "Stress and depression", *Annual Review of Clinical Psychology* (2005); World Health Organization, "Depression: Let's talk", who.int (2017); D. F. Levinson and W. E. Nichols, "Major depression and genetics", *Genetics of Medicine*, Stanford Medicine. **204–207** H. U. Wittchen (2002), cited in H. Combs and J. Markman, "Anxiety Disorders in Primary Care", *Medical Clinics of North America* (2014); E. D. Paul et al, "The Deakin Graeff hypothesis", *Neuroscience and Biobehavioral Reviews* (2014); D. Khoshaba, "Are you living with chronic worry and fear?", *Psychology Today* (2012); N. Greenberg et al, "Latest developments in post-traumatic stress disorder", *British Medical Bulletin* (2015); A. A. Van Emmerik (2002), cited in Greenberg (2015), above; E. Moitra et al, "Occupational impairment and Social Anxiety Disorder in a sample of primary care patients", J. *Affective Disorders* (2011); J. Bomyea (2013), cited in Combs and Markman (2014), above. **208–209** National Institute for Mental Health, "Psychotherapies" (2016); B. E. Wampold, "Qualities and actions of effective therapists", *Continuing Education in Psychology*, APA Education Directorate. **210–211** A. Morin, "Are You Mentally Strong Enough to Combat Stress?", *Psychology Today* (2015); C. A. Padesky and K. A. Mooney, "Strengths-Based Cognitive-Behavioural Therapy", *Clinical Psychology and Psychotherapy* (2012); M. A. Cohn et al, "Happiness Unpacked", *Emotion* (2009). **212–213** F. Johnson, in G. Stix, "The neuroscience of true grit", *Scientific American* (2011).

索引

加粗的数字为主词条所在页码。